U0523306

科研机构知识资本
模型构建理论与实践

高畅 著

中国社会科学出版社

图书在版编目(CIP)数据

科研机构知识资本模型构建理论与实践/高畅著.—北京：中国社会科学出版社，2020.5
ISBN 978-7-5203-6134-7

Ⅰ.①科… Ⅱ.①高… Ⅲ.①科学研究组织机构—知识经济—研究 Ⅳ.①G311

中国版本图书馆 CIP 数据核字（2020）第 043468 号

出 版 人	赵剑英
责任编辑	冯春凤　刘亚楠
责任校对	张爱华
责任印制	张雪娇
出　　版	中国社会外学出版社
社　　址	北京鼓楼西大街甲 158 号
邮　　编	100720
网　　址	http://www.csspw.cn
发 行 部	010-84083685
门 市 部	010-84029450
经　　销	新华书店及其他书店
印　　刷	北京君升印刷有限公司
装　　订	廊坊市广阳区广增装订厂
版　　次	2020 年 5 月第 1 版
印　　次	2020 年 5 月第 1 次印刷
开　　本	710×1000　1/16
印　　张	10.5
插　　页	2
字　　数	201 千字
定　　价	68.00 元

凡购买中国社会科学出版社图书，如有质量问题请与本社营销中心联系调换
电话：010-84083683
版权所有　侵权必究

自 序

在知识经济时代，实现资源优化配置的关键因素已经转变为以智力资源和知识性资产为依托，逐步取代日益短缺而限制工业发展的自然资源，从而实现整个经济形态和社会的发展，由此产生了知识资本理论。由于知识资本具有稀缺性、难模仿性等特点，高效获得并积累知识资本、提高知识资本总量，成为新一轮国际竞争中保有持续核心竞争力的首要条件，也是知识经济条件下，一个国家、一个城市具备竞争优势的关键所在。

本书结合当代发展实际，在人力资源管理理论的基础上，分析了知识资本的内涵、分类、特点、内在属性以及运行过程，完成了对知识资本基本理论框架的构建。结合劳动价值论，研究认为，劳动价值论不是一成不变、僵化的理论，它在不同的经济形态中具有不同的表现形式，知识资本理论是马克思资本理论在知识经济时代的新发展。知识转化为资本的过程，是知识以资本的形式进入物质资料的生产、交换等流通领域，产生价值、实现价值增值，并且进行资本周转的过程。

在知识资本相关理论研究框架下，本书以科研机构知识资本作为具体研究对象，对其构成、载体、形成机理以及如何实现积累与价值增值等方面进行了分析，借此进一步揭示科研机构提高知识资本总量的有效途径。通过提高知识资本总量来推动科技创新实践活动，可以有效增强科研机构的核心竞争力。研究提出，科研机构的知识资本由人力资本、技术资本、管理资本、关系资本构成，科研机构劳动力的使用价值体现在劳动者以知识生产的方式实现知识资本的形成和运行，知识资本的稀缺性、独特性、无形性、高增值性决定了知识的获取需要付出更多的时间成本和交易成本。科研机构的知识从获取、重构、整合到新知识的产生，再经过内部和外部转化等相关运行路径过程，最终形成知识资本，其在由知识转化为资本的过程中，实现了价值的增值。除此之外，获取外部知识的能力，是科研机构获得并善用组织外部知识，进而使其具有创新能力的一项关键性影响因素。

在上述理论研究和调研分析的基础上，根据知识资本的运行规律和科研机构自身特点，本书从中国科研机构知识资本的实际情况出发，借鉴国内外已有的知识资本评估测度模型，坚持预见性原则、市场化原则、风险共存原则和权重原则，建立了包括4个一级指标和28个二级指标的科研机构知识资本综合测度指标量化体系，初步构建了适用于科研机构这一特定对象的知识资本测度模型。该模型综合运用专家打分法、比较分析法和系统评价法，得出关于科研机构知识资本综合价值的计算公式，实现了对科研机构的人力资本、技术资本、管理资本、关系资本以及知识资本总量的测度，以此对科研机构进行科学有效的评估。

为验证该模型的实用性，本书以我国某地方性大型科研机构为例，对其部分直属科研机构进行了评估测度。结果证明，验证比对结果与样本单位实际情况高度逼近，模型对科研机构知识资本的测度与评估有一定的适用性，能为科研机构知识资本评估提供一定的借鉴。根据模型验证的结果，本书对科研机构如何提高知识资本总量、增强核心竞争力提出了对策和建议，为进一步加强科研机构的建设和管理工作提供了参考依据。

目 录

第一章 绪论 …………………………………………………（1）
　第一节 知识资本问题的研究意义 …………………………（1）
　第二节 知识资本相关问题及其概念 ………………………（2）
　　一 知识资本概念研究 ……………………………………（3）
　　二 知识资本构成要素研究 ………………………………（10）
　　三 知识资本测度研究 ……………………………………（15）
　　四 科研机构知识资本研究现状 …………………………（18）
　第三节 本书的内容框架 ……………………………………（25）
第二章 知识资本的理论基础 …………………………………（28）
　第一节 人力资源管理理论 …………………………………（28）
　　一 人力资源管理概述 ……………………………………（28）
　　二 人力资源管理理论的发展历程 ………………………（29）
　第二节 知识资本对生产力的促进作用 ……………………（32）
　　一 从劳动价值论到知识价值论 …………………………（32）
　　二 从劳动生产力到知识生产力 …………………………（33）
　　三 知识生产力与知识资本 ………………………………（34）
　第三节 知识资本的界定及分类 ……………………………（34）
　　一 知识的含义 ……………………………………………（34）
　　二 知识资本的含义及分类 ………………………………（35）
　第四节 知识资本的特点及属性 ……………………………（36）
　　一 知识资本的特点 ………………………………………（36）
　　二 知识资本的属性 ………………………………………（38）
　第五节 知识资本的运行过程 ………………………………（39）

一　知识资本的积累 …………………………………………（39）
　　二　知识资本的循环 …………………………………………（40）
　　三　知识资本与剩余价值 ……………………………………（40）
　本章小结 …………………………………………………………（42）
第三章　科研机构知识资本的分析框架 …………………………（44）
　第一节　概念界定 ………………………………………………（44）
　　一　科研机构的界定与类型 …………………………………（44）
　　二　科研机构知识资本的界定 ………………………………（44）
　第二节　科研机构知识资本的结构 ……………………………（45）
　　一　人力资本 …………………………………………………（45）
　　二　技术资本 …………………………………………………（47）
　　三　管理资本 …………………………………………………（49）
　　四　关系资本 …………………………………………………（49）
　第三节　科研机构知识资本的载体 ……………………………（49）
　　一　科研品牌 …………………………………………………（50）
　　二　科技成果 …………………………………………………（50）
　　三　科技人才 …………………………………………………（50）
　第四节　科研机构知识资本的价值转化与增值 ………………（50）
　　一　科研机构劳动力使用价值的转化 ………………………（50）
　　二　科研机构劳动力的价值增值 ……………………………（51）
　本章小结 …………………………………………………………（52）
第四章　科研机构知识资本的形成机理与路径分析 ……………（54）
　第一节　科研机构知识资本形成的前期准备 …………………（54）
　　一　科研机构内外部知识的获取 ……………………………（54）
　　二　科研机构知识的重构与整合 ……………………………（56）
　第二节　科研机构新知识生产 …………………………………（58）
　第三节　科研机构知识的内部与外部转化 ……………………（61）
　　一　科研机构知识的内部转化 ………………………………（61）
　　二　科研机构知识的外部转化 ………………………………（62）
　第四节　科研机构知识资本的形成 ……………………………（64）
　本章小结 …………………………………………………………（66）

第五章 科研机构知识资本测度模型的构建 （68）
第一节 科研机构知识资本测度模型构建依据 （68）
  一 常用知识资本测度模型 （68）
  二 各模型的比较与分析 （77）
  三 本书采用的测度模型构建依据 （78）
第二节 科研机构知识资本测度的原则及影响因子 （79）
  一 科研机构知识资本测度构建的原则 （79）
  二 科研机构知识资本测度的影响因子 （80）
第三节 科研机构知识资本测度指标体系的建立 （81）
  一 测度模型构建 （81）
  二 指标体系构建 （81）
  三 指标权重确定 （84）
  四 指标的无量纲化处理 （89）
  五 综合测度与评价 （89）
本章小结 （89）

第六章 公益型科研机构知识资本评估实例分析：以某科研机构 B 为例 （91）
第一节 研究对象概况 （91）
第二节 数据获取与处理 （93）
第三节 各科研机构知识资本总量测度 （99）
  一 劳动保护领域单位（A1） （100）
  二 理化分析领域单位（A2） （101）
  三 轻工环保领域单位（A3） （102）
  四 辐射研究领域单位（A4） （103）
  五 情报研究领域单位（A5） （105）
  六 城市系统研究领域单位（A6） （106）
  七 决策科学研究单位（A7） （107）
  八 软科学研究单位（A8） （108）
第四节 分析与讨论 （110）
  一 测度模型的实证分析 （110）
  二 测度模型应用结果的讨论 （115）

三　测度模型应用评价结果的评析 …………………………（115）
　第五节　科研机构知识资本发展的建议与对策 ………………（116）
　　　一　劳动价值论对促进知识和科技创新能力的启示 …………（117）
　　　二　科研机构知识资本评价应用的建议 ………………………（120）
　　　三　基于知识资本发展的科研机构管理体制改革政策选择 …（123）

第七章　总结与展望 …………………………………………（126）
　第一节　主要结论 ………………………………………………（126）
　第二节　研究不足与展望 ………………………………………（131）
　　　一　本书的不足 …………………………………………………（131）
　　　二　研究展望 ……………………………………………………（132）

参考文献 …………………………………………………………（133）
附录　科研机构知识资本调查问卷 ……………………………（151）

图表清单

表 1.1	知识资本研究的主要视角	（ 3 ）
表 1.2	国外学者对知识资本的界定	（ 5 ）
表 1.3	国内学者对知识资本的界定	（ 7 ）
图 1.1	Skandia 市场价值架构图	（12）
图 1.2	Roos 的智力资本架构图	（12）
图 1.3	Johnson 智力资本整体架构图	（13）
图 1.4	H – S – T – M 模式的知识资本价值树	（15）
表 1.4	知识资本测度方法评析	（16）
表 1.5	关于科研机构知识资本研究的文献检索情况	（18）
表 1.6	2000—2017 年知识资本研究领域分类统计表	（19）
图 1.5	研究层次分布情况	（20）
图 1.6	论文年度分布情况	（21）
图 1.7	关键词频分析	（22）
图 1.8	科研机构合作情况	（23）
图 3.1	知识产权的构成	（47）
图 4.1	知识生产过程	（59）
图 4.2	新的知识生产周期表示图	（60）
图 4.3	知识资本形成路径	（65）
表 5.1	WKCI 评价指标体系	（69）
图 5.1	IC – dVAL 方法的四维框架	（70）
表 5.2	知识资本的动态价值指标体系	（71）
图 5.2	知识资本导航系统	（72）
图 5.3	国家知识资本体系	（73）

表 5.3 国家知识资本指数模型 …………………………………（73）
图 5.4 城市通用知识资本模型 …………………………………（75）
图 5.5 城市特有知识资本模型 …………………………………（76）
图 5.6 区域知识资本基准系统结构及主要元素 ………………（76）
图 5.7 价值增值知识系数模型 …………………………………（77）
图 5.8 知识资本测度的四要素模型 ……………………………（82）
表 5.4 科研机构知识资本测度指标体系 ………………………（82）
表 5.5 层次分析法 1-9 比例标度 ………………………………（85）
表 5.6 科研机构知识资本测度指标体系各指标 ………………（88）
表 6.1 人力资本二级指标数据统计表 …………………………（94）
表 6.2 人力资本测度值计算结果 ………………………………（95）
表 6.3 技术资本二级指标数据统计表 …………………………（95）
表 6.4 技术资本测度值计算结果 ………………………………（96）
表 6.5 管理资本调研打分表 ……………………………………（96）
表 6.6 管理资本测度值计算结果 ………………………………（97）
表 6.7 对应五分制计算管理资本测度值的计算结果 …………（97）
表 6.8 关系资本调研打分表 ……………………………………（98）
表 6.9 关系资本测度值计算结果 ………………………………（99）
表 6.10 对应五分制计算关系资本测度值的计算结果 …………（99）
图 6.1 科研机构知识资本总量比较 ……………………………（110）
图 6.2 科研机构人力资本比较 …………………………………（111）
图 6.3 科研机构技术资本比较 …………………………………（113）
图 6.4 科研机构管理资本比较 …………………………………（113）
图 6.5 科研机构关系资本比较 …………………………………（114）

第一章 绪论

第一节 知识资本问题的研究意义

伴随人类社会的不断发展，其赖以生存的资源逐步从物质资产、金融资产向无形资产与非金融资产转化。在知识经济时代，实现资源优化配置的关键因素已经转变为以智力资源和知识性资产为依托，逐步取代日益短缺而限制工业发展的自然资源，从而实现整个经济形态和社会的发展。知识资本理论就是在上述背景下产生和发展的。知识是知识资本理论的核心，劳动者或知识分子是知识资本的现实载体。知识资本参与进社会再生产循环过程中，高增值、资本化成为知识资本的重要特征。通过高增值的资本转移，知识完成了自身向资本的转化，已经成为目前最基本、最重要的资本形态，并参与到社会再生产的循环过程之中。由于知识资本具有稀缺性、难模仿性等特点，高效获得并积累知识资本、提高知识资本总量，成为新一轮国际竞争中保有持续核心竞争力的首要条件，也是知识经济条件下，一个国家、一个城市具备竞争优势的关键所在。

在理论层面，从知识资本对生产力的促进作用入手，从人力资源管理理论出发，分析马克思在批判继承前人研究成果基础上确立的劳动在经济增长中特殊地位的劳动价值论，到推崇物质资本积累的资本决定论；从重视技术论、人力资本论，再到推崇科学技术与知识创新的知识资本论，资本理论的历史发展变革说明，资本的概念伴随生产力要素结构的不断变化和经济增长方式的不断改进而不断得到丰富。从实践层面看，以中国科研机构为研究对象，重新审视知识资本背后的关系、价值导向以及管理模式，明确知识在价值创造中的作用，并为衡量知识的贡献率以及如何通过知识资本能够更清晰地反映出科研机构的创新活力和核心竞争力提供可行方案。

从宏观看，在知识经济时代，知识已逐步取代传统的物质资源成为社会经济增长以及新一轮产业革命的重要资源，厘清科研机构知识资本的运行机理，是确立与知识经济相适应的现代组织形式的重要先决条件，是鼓励劳动者增加自身人力资本投入力度，进而提升自身素质的重要路径选择，也可成为鼓励社会知识创新、技术创新，进而提升社会创新水平的有效途径，这将有助于构建崇尚科技创新的知识性社会，加快知识资本向生产力的转化，提升社会创新水平。从微观层面来讲，知识资本的研究对知识创新、增强竞争能力、提高人力资源素质都具有决定性作用。正如美国著名学者彼得·德鲁克所言，知识的生产率成为劳动生产率、竞争力和经济成就的绝对因素。因此，对于在知识经济时代发展的社会主体，如何有效地通过制度创新挖掘知识资本的价值潜力，提高知识向知识资本转移的效率与效益，是产生后发优势、把握发展先机和竞争主动权的利器。所以，无论是从理论层面，还是从实践层面；无论是从宏观层面，还是从微观层面，对知识资本的研究都具有十分重要的意义。

综上所述，知识资本理论是资本理论在当今时代的丰富和发展，对其进行深入剖析，把握知识资本的内生动力和运行规律，对于加快提升我国科研核心竞争力和综合国力具有重要意义。笔者在研究中发现，当前对作为科技创新知识源泉的科研机构的知识资本研究较少，因此，把握科研机构的知识资本内在运行规律，提高其知识资本总量，并通过建设科学完善的知识资本价值体系，有力推动科技成果转移转化，加快科学技术第一生产力的活力释放，已成为当务之急。

第二节　知识资本相关问题及其概念

伴随时代的发展和知识经济的兴起，知识在经济增长中发挥的作用越来越明显，并取代了物质资本的重要地位，成为新经济增长中的关键要素。在此背景下，知识资本理论为科学研究提供了一个全新的基础，为知识的创新、传播、发展、利用和保护奠定了坚实的基础。

本部分对知识资本国内外研究现状进行了梳理，多方面聚焦、总结和评述，以期更详尽地掌握知识资本的研究历史及现状，对本研究提供理论依据和思路探索。

一 知识资本概念研究

"知识资本"来自英文的"Intellectual Capital"（亦称"Knowledge Capital"），国内目前将"Intellectual Capital"译作"智能资本""智慧资本""智力资本""知识资本"或"智力资产"，而一般将"Knowledge Capital"翻译成"知识资本"，它与知识资产（Knowledge Assets）、知识资源（Intellectual Resource）、智力资产（Intellectual Assets）等概念基本一致。

从发展阶段来看，知识资本的研究从理论研究逐步向实践研究转型，早期的研究侧重于知识资本的概念和构成要素等理论方面，在理论研究渐趋完善后，学者们开始探索知识资本对实践的指导意义，研究重点遂向知识资本的测度方面倾斜，并获得了丰富的研究成果。

1. 知识资本概念研究的主要视角

通过对相关资料的收集整理和分析可以看出，目前关于知识资本（Knowledge Capital）研究的视角主要包括经济学、人力资源、战略学、营销与公关等（具体见表1.1）。

表1.1　　　　　　　　知识资本研究的主要视角

视角	作者
经济学	何浪青（1998）；马力（1999）；Lev（2001）；葛秋萍（2005）；杨颖和王辉（2006）；朱前星（2006）；宋天和莫祎（2008）；林永青（2008）；谭小琴和曾国屏（2008）；李爽（2012）；张赟和苏屹（2012）；谢富胜和周亚霆（2012）；吴慈生和李兴国（2015）；余东华和张鑫宇（2018）

续表

视角	作者
战略学	Itami (1987); Hall (1989, 1992, 1993); Klein 和 Prusak (1994); Edvinsson 和 Sullivan (1996); Brooking (1996); Sveiby (1997); Roos 等 (1997); Ross (1997); Stewart (1997); Edvinsson 和 Malone (1997); Boisot (1998); Teece (1998); Bontis 等 (1999); Nonaka 等 (2000); Marr 和 Schiuma (2001); 庞英 (2003); Kaplan 和 Norton (2004); 何庆明 (2005); 赵瑞芬 (2005); 李晓佳 (2007); 武荆州 (2010); 刘江日 (2011); 赵忠奇 (2012); 刘浩和张运华 (2013); 朱荷和陈露 (2014)
财政学	Lev (2001); 张照国 (2003); 李金勇 (2005); 左方方 (2006); 戴理达 (2010); 管加清 (2010)
会计学	Lev (2001); 彭妍 (2003); IASB (2004); 冉秋红 (2006); 武蔚 (2010); 马芬 (2014); 董必荣和黄中生 (2016)
报告与披露	朱忠福和罗明 (2003); 胡建真 (2003); Lev (2001); IASB (2004); 刘锦霞 (2004); 李冬琴 (2005); 吴旭雷 (2008); 傅传锐 (2009); 廖媛红和毛鑫 (2012); 董必荣、刘海燕和曾晓红 (2014)
人力资源	Becker (1964); 王爱宝和翁振葆 (1999); 彭剑锋和张望军 (1999); 段玉广 (2005); Yun Ji Moon 和 Hyo Gun Kym (2006); Patricia M. Wolf (2007); 金水英和吴应宇 (2008); 谢俊红 (2008); 齐瑾 (2012); 孙立新和余来文 (2013); 赵剑芳 (2016); 卢欣艺和闵剑 (2018)
营销与公关	Brooking (1996); 严若森 (1999); 黄健华和李阿鹏 (2003); 郭俊华 (2004); 吴旭雷 (2008); 张同健 (2010); 于耀其和江积海 (2010); 周江燕 (2012); 周晨 (2013); 马满强 (2014)

由上表可以看出，学者们对知识资本研究的学科领域不断增加，研究视野呈现多元化，涵盖领域十分宽泛，已经逐步渗透到经济学、管理学、行为科学等诸多学科领域，这也是知识资本研究不断向前推进的一种表现。

2. 国外关于知识资本概念的研究

国外学界在知识资本的概念研究方面起步较早,学者们从不同角度对知识资本的概念内涵进行了阐释,虽然没有明确的完整定义,但已经逐步认识到知识资本是机构、组织乃至一个国家最重要和最有价值的资产。最早提出知识资本概念的学者是加尔布雷思(Galbrainth),虽然他当时没有进行明确定义,但止因为他的研究,才把知识资本的概念引入学界视野,并吸引着越来越多的学者投身于知识资本的探讨和实践,学界对知识资本逐渐有了更全面的认识。总体来看,目前学界对知识资本概念的定义可以归纳为以下四种类型:基于知识资本价值实现路径的定义;基于知识资本价值载体的定义;基于知识资本表现形态的定义;基于知识资本综合要素构成的定义。学者在各自的研究过程中,由于不同的研究旨趣和目的,对知识资本的理解及其定义有所不同是可以理解的(见表1.2)。

表1.2 国外学者对知识资本的界定

学者观点 定义视角	作者	代表性观点
基于知识资本价值实现路径的定义	Henry Etzkowitz (1999)	当知识被用来产生效益,科学本身就可以在某种程度上变成为企业产生新收益的生产力,就成了资本。
	Lynn (1999)	知识资本是将组织内部化的知识再经过系统化处理后所变成的创造公司价值的知识。
	Stefan Kwiatowski 和 Sharif (2005)	知识资本可以被视为资本化的知识,这种知识也可以作为具有纯粹智力特征的产品或服务而置于市场中。
	Laperch 等 (2011)	知识资本指的是一个或几个相关联的企业积累的知识,通过信息流动不断丰富,并在生产中使用,或者在价值创造过程中更为全球化。

续表

学者观点 定义视角	作者	代表性观点
基于知识资本价值载体的定义	Roos&Krogh（1996）	知识资本是企业财务报表中无法体现出来的隐藏价值，它仅通过企业的日常运作和员工的日常工作发挥作用。
	国际会计师联合会（IFAC,1998）	公司拥有的基于知识的权益总额，可视作知识资本。
	戈伊洛（1998）	知识资本的物质实质就是个人、集体和整个社会的非物质的，但却是现实的创造性财富。
	OECD（1999）	知识资本是企业人力资源和组织资本的经济价值。
	Lars Nredrum 和 Truls Eriksonn（2001）	知识资本是个体产生价值增值并使知识产生互补能力的一种资本。
基于知识资本表现形态的定义	Johnson（1999）	知识资本是一种更难以用传统的财务表现形式体现出来的无形资产。
	Knight（1999）	公司的知识资本是一种隐性资产，可以帮助其创造价值并持续发展。
	Bernard Marr 和 Karim Moustaghfir（2005）	知识资本是指能够创造未来财富的从经验和学习中获得的任何有价值的无形资源。
	Daniel Andriessen 等（2005）	知识资本是一个国家可以利用的无形资源的总和，是比较优势产生的来源之一，并且能够创造未来的利益。

续表

学者观点 定义视角	作者	代表性观点
基于知识资本综合要素构成的定义	Stewart（1991，1994，1997）	知识资本是公司员工所具备的，为其在市场上获得竞争优势的所有事物的总和。
	Bontis（1996，1997）	知识资本是企业有形资产和无形资产及其转换的集中体现。
	Dave Ulrich（1998）	知识资本是企业成员的承诺与其能力的乘积。
	Ghoshal 和 Nahapiet（1998）	知识资本是组织的认识能力和知识。
	Yun Ji Moon 和 Hyo Gun Kym（2006）	知识资本是在个体、团队和组织之间产生的结构化股票（Structuralized Stock）和机构化学习（Organizational Learning）。

3. 国内关于知识资本的概念研究

进入20世纪90年代后期，随着科技的进步，中国学术界对知识资本的重视程度日益提升，研究程度不断加深，开始了对知识资本概念、构成等相关基本理论的研究，从不同的视角对知识资本相关研究进行了充实和完善，提出了关于知识资本研究的独立相关理论。以下是笔者结合近年来国内学者对知识资本的相关研究，进行的总结和梳理（见表1.3）。

表1.3　　　　　　　　国内学者对知识资本的界定

学者观点 定义视角	作者	代表性观点
基于知识资本价值实现路径的定义	王开明和万君康（2001）	知识资本是能够给企业带来竞争优势和租金的独特知识。
	金加林和吴育华（2004）	知识资本是一种无形的、潜在的、动态的知识集合，智力资本在某种程度上表明公司的知识已经转化为价值。

续表

学者观点 定义视角	作者	代表性观点
基于知识资本价值实现路径的定义	王雪苓（2005）	当知识的价值能在运行过程中实现保值增值并带来剩余价值时即成为"知识资本"。
	丁建中（2007）	知识资本是在生产过程中发挥作用的知识产品，或者说用于生产"消费"的知识产品，如新技术、新配方、新工艺等。
	唐明娟（2012）	企业价值是由知识资本和财务资本共同创造的，但多数企业都低估了其所拥有的知识资本的价值。
	刘海运（2014）	知识资本包括人力资本、关系资本、创新资本和顾客资本四个维度，它们直接或间接地影响着企业的投资决策能力和商业化能力。
基于知识资本价值载体的定义	杨世忠（1999）	知识资本指其所有权属于个人或企业并且能够给企业带来收益的特殊资源。
	袁丽（2000）	所有能够创造财富的智慧都可归类为知识资本，涉及知识产权、信息、科学知识、专业技能等各个非物质领域。
	刘炳英等（2001）	知识资本是一种不断追求价值增值的资本。
	李平和刘希宋（2005）	知识资本是以其所拥有的知识为载体，将资源转换为价值的能力。
	周阳生（2006）	把投入企业的智力活动所带来的价值及其相应的权益称为知识资本。
	石春生、何培旭和刘微微（2011）	知识资本是知识型企业中能够为企业带来利润的有价值的知识，是企业市场价值高于账面价值的部分，是蕴藏于知识中，以知识形态存在和运动，在企业的生产经营及其管理活动中积累起来的具有价值增值性的预付价值。

第一章 绪论

续表

学者观点定义视角	作者	代表性观点
基于知识资本表现形态的定义	申明（1998）	知识资本是企业中所有无形资产的总和。
	严若森（1999）	知识资本是企业中的无形资产，具有多方面的无形作用，如建立企业文化、改善员工素质、深化企业经营关系等。
	蒋南平（2003）	知识资本是一种能够带来剩余价值的价值，其表现形式是通过科学、技术、经验等抽象的形式作用于其客体之上。
	李增福（2004）	知识资本是使一个企业得以发展的所有无形资产。
	谭小琴（2014）	知识资本是能为企业带来利润和竞争优势的无形资产。
基于知识资本综合要素构成的定义	蒋序标等（2000）	知识资本是企业实体资产无法体现的，对其成长具有较大影响的因素。
	杨文进（2001）	知识资本是经济主体拥有的人力资本和能给其带来利益的各种知识及其产品。
	李刚、何炼成和范华（2005）	知识资本是指一个地区或国家所拥有的以劳动者数量和智力为基础的资本。
	赵宏中（2005）	知识资本是有形和无形资源组合的产物，是智力和知识真正融合所形成的一个有机整体，通过人的智力运作发挥知识的创造力，在运行中创造价值，实现价值的增值，具有资本属性，有别于货币资本。
	张向前（2005）	知识资本是人身上的各种知识和能力，能够用于提高生产效率、提供未来收入等。

续表

学者观点 定义视角	作者	代表性观点
基于知识资本综合要素构成的定义	葛秋萍（2005）	知识资本所说的"知识"，通常是指多种不同知识的聚合，而且这些知识也并不能单纯地理解为基础科学加上应用技术。
	沈国琪和陈万明（2009）	知识资本结构的各个维度各成系统，但却并不完全独立，各个维度间在价值实现方面存在相互制约性，知识资本的组成部分在价值实现过程中相互影响和制约，缺一不可。缺失任何一个部分，都会影响知识资本整体价值的实现，进而使价值实现的链条受到影响甚至中断。
	张春贺（2014）	知识经济是以知识为资本来发展的经济，可以将有形资本和无形资本进行充分结合。
	禹海慧（2015）	知识资本包括人力资本、结构资本、关系资本，其作为企业一组无形资产，对企业创新能力有重要的作用和意义。人力资本是知识资本系统中最重要的、具有能动作用的要素，企业内部知识的创造与外部知识的获取均源于其能动作用；结构资本指存在于组织之中的保证企业正常、有序运转的知识因素，如企业结构、企业惯例、企业文化等，能为企业员工工作和交流提供一个和谐的大环境；关系资本指其所拥有的关于市场渠道的知识和所建立的关系网络，有利于企业从外部获取知识，促进内部知识的积累。

二 知识资本构成要素研究

如前所述，学界从不同的研究视角和研究需要，对知识资本进行了定义。而知识资本的要素构成和相互关系作为知识资本理论的重要组成部分，也成为国内外学者关注的焦点。下面将对国内外关于知识资本构成要素的研究进行梳理和总结。

1. 国外关于知识资本构成要素的研究

知识资本究竟由哪些要素构成,以及知识资本的各要素之间呈现怎样的相互关系,这两个问题作为知识资本相关理论探讨的核心问题,国内外学者给出的答案不尽相同。

Stewart(1994,1997)认为,知识资本通常由人力资本(Human Capital)、顾客资本(Customer Capital)和结构资本(Structural Capital)三者体现。其中,企业的员工是人力资本存在的客体,他们所具有的知识、技能等要素能够给企业带来直接或间接的效益,员工工作态度、离职率以及新产品产值占比等指标均可用来衡量这一要素。企业的顾客资本则通过其信誉度、客户满意度等来衡量;企业的结构资本往往体现在制度、文化等方面,可以通过运营成本、周转率、管理成本等来衡量。

Sullivan 和 Edvinsson(1996)认为,知识资本可以划分为人力资本和结构资本两个部分,其中,前者包含所有有可能与组织发生联系的个体人;后者则是指与前者无关的企业所具备的所有其他能力的综合。

在知识资本的要素构成方面,Lief(1997)与 Sullivan 和 Edvinsson(1996)观点类似,他在提出市场价值架构及指导方针时指出,知识资本是结构资本和人力资本的耦合。但是就对细节的理解来说,二者是有差别的,Lief 分析得更为具体、详细。其中,结构资本是组织资本,是用来辅助人力资本实现其价值的,是公司基础设施及供给的支持,分为直接和间接、有形和无形几种形式。人力资本依附于人体而存在,它可以在产品的生产中实现物化,同时加强该产品的服务效用,人力资本包括员工的知识水平、经验丰富程度以及解决问题的能力。Lief 的智力资本结构如图 1.1 所示。

Seviby(1997)则将知识资本划分为雇员能力(Employee Capital)、内部结构(Inter Structure)和外部结构(Extra Structure)三部分,也即"E - I - E"结构。

Roos(1998)对人力资本和结构资本的划分与 Edvinsson 有所差异,但他也认为知识资本是由人力资本(Human Capital)和结构资本(Structural Capital)组成(具体划分如图 1.2 所示)。

Johnson(1999)对 Edvinsson 提出的知识资本的结构进行了进一步细化和解释,如图 1.3 所示。他指出,财务资本和知识资本是公司市场价值

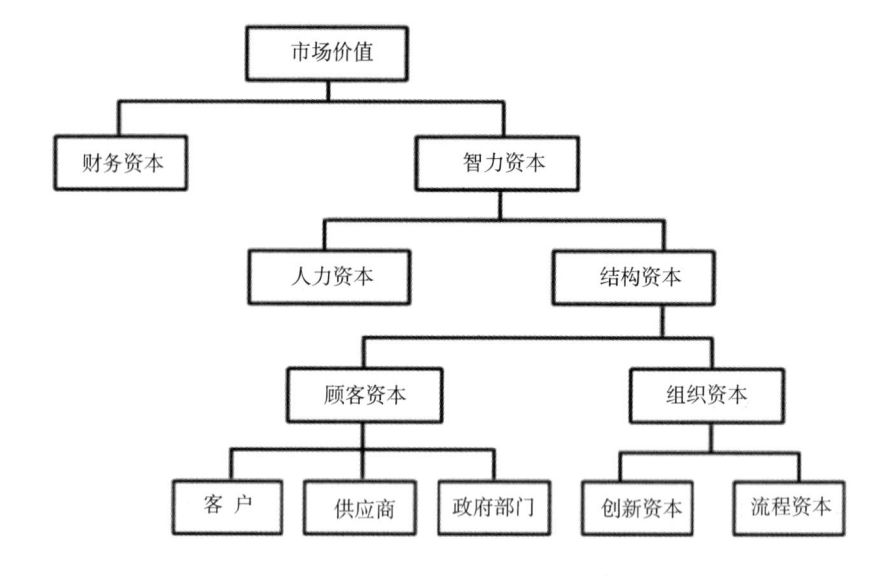

图 1.1　Skandia 市场价值架构图[①]

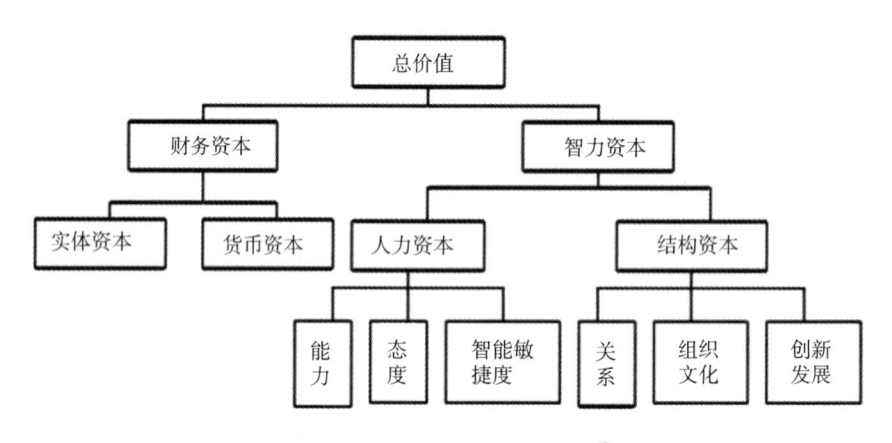

图 1.2　Roos 的智力资本架构图[②]

的两大组成部分，新的经济背景使得在一般情况下知识资本的价值大于财务资本。

　　Knight（1999）指出，智力资本各要素之间是相互影响的，各要素间的相互转化最终使智力资本得以升华。"当组织对人力资本加大投入时，

---

① 资料来源：Lief，1997。
② 资料来源：Roos，1998。

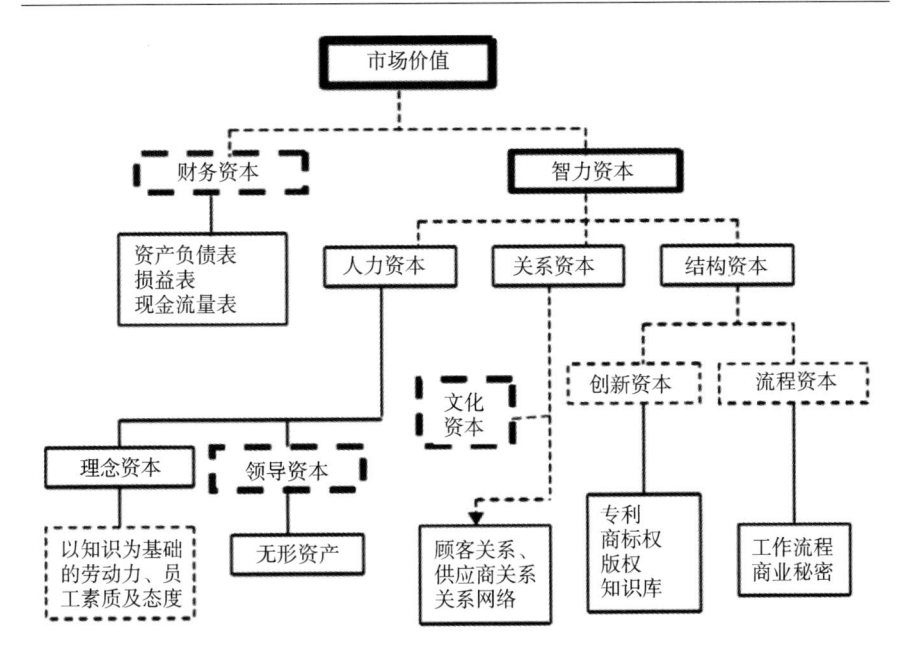

图 1.3 Johnson 智力资本整体架构图[①]

员工会凭借自身的技能帮助组织提升结构资本。"优化的结构资本又可以进一步改进组织的关系资本，可以使组织提供更好的产品和服务，进而为高价值的顾客改进人力资本与结构资本，从而实现了资本要素间的循环。智力资本的多因素结合起来创造了更好的财务表现。组织价值和成长的虚拟循环标志着，当新利润的一部分来自智力资本时，一个向上的螺旋就会出现。

Joia（2000）以能否交易为划分标准，把知识资本分成"人力资本"和"结构资本"两类，并在此基础上把结构资本划分为"关系资本""创新资本"和"流程资本"，其中人力资本不为组织所拥有，且无法交易。知识资本的本质就是知识和能力，在企业中，知识在不同客体间必然存在着相互转移和影响，知识资本的四个要素也同样存在着相互作用。

布鲁金（2003）从无形资产的角度，将知识资本看作企业所拥有的无形资产的总和，并认为它主要是由人才资本、知识产权资本、市场资

---

① 资料来源：Johnson，1999。

本和基础结构资本等组成。

Patricia Wolf（2007）认为，智力资本包括以下四类：人力资本、结构资本、社会资本和文化资本。

由此可知，在关于知识资本要素构成的研究中，Stewart、Sullivan、Edvinsson等人研究较早，同时他们对知识资本构成要素的划分也比较有代表性，基本囊括了知识资本所能够涉及的诸多经济社会发展因素。与此同时，学者们也基本认可人力资本、顾客资本、结构资本，以及关系资本、流程资本、创新资本等社会文化关系因素共同构成了知识资本的观点。虽然对知识资本构成的研究结论各有侧重，但为后续研究提供了坚实的理论基础。

2. 国内关于知识资本构成要素的研究

与国外相比，国内学界对知识资本的研究起步较晚。学者们在借鉴国外已有成果的基础上，结合各自专长，也对知识资本的构成要素展开了讨论和研究。概括来说，国内学者在知识资本的要素构成方面，其观点可以归纳为以下几类。

一是认为知识资本包括人力资本和结构资本两种构成要素，而结构资本又可以细分为客户资本和组织结构资本。

二是认为知识资本包含人力资本、结构资本、技术资本和市场资本四种主要构成要素，即"H-S-T-M模式"，并进一步构建了该模式的知识资本价值树（见图1.4）。

三是认为知识资本的主要构成要素为人力、组织、技术、市场和公关。

在知识资本构成要素的划分上，除上述三种观点比较有代表性以外，还有学者提出了三因素论（包括人力资本、组织资本或结构资本、市场资本或关系资本）、六因素论（包括人力资本、结构资本、市场资本、顾客资本、知识产权资本和基础设施资本）等不同的观点。

总结国内外学者关于知识资本构成要素的研究可以看出，国外学界在知识资本的研究中起步早、研究成果丰富、理论趋于成熟；而与之相比，国内学界更多地是在学习借鉴的基础上加以调试和运用。在知识资本构成要素的划分上，虽然国内与国外学界、不同学者之间或多或少存在着分歧，但是这种分歧更多的是要素层次和各要素之间逻辑关系的不同，其核

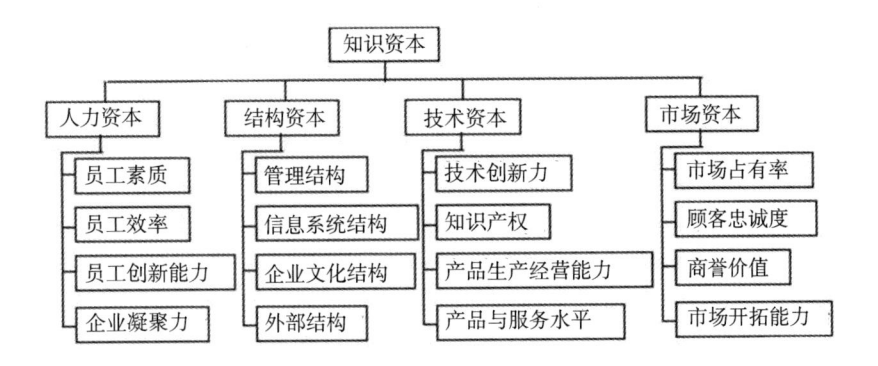

```
                    知识资本
        ┌──────────┼──────────┬──────────┐
     人力资本    结构资本   技术资本    市场资本
      员工素质    管理结构   技术创新力   市场占有率
      员工效率   信息系统结构  知识产权   顾客忠诚度
     员工创新能力 企业文化结构 产品生产经营能力 商誉价值
      企业凝聚力   外部结构   产品与服务水平 市场开拓能力
```

图 1.4　H–S–T–M 模式的知识资本价值树[①]

心基本保持一致，即多数学者认同人力资本是知识资本的重要组成部分，甚至是核心部分的观点。

三　知识资本测度研究

1. 国外关于知识资本测度的研究

知识资本的测度一直存在较大的困难，主要是由知识资本的无形性、难以预测性以及其发展过程中的静态特征与动态特征共存等几个特点所决定的。另外，关于知识资本的概念内涵，学者们也是各执一言，在实践操作过程中很难界定和测量。

国外关于知识资本测度的相关研究始于 20 世纪 80 年代，Hiroyuki Itami（1987）曾对知识资本和企业价值之间的关系展开研究，而这一研究也被学界视为是知识资本测度理论发展过程中的重要里程碑，为日后知识资本的评估及测度理论研究及实践的发展奠定了基础。

从研究视角看，由于可见物资资本，如财务资本的量化可以实现直观测度，但对于知识资本的量化目前仍存在较大困难，所以目前的研究视角可分为以下几种：知觉行为测度、过程测度、财务测度、系统测度，以及其他测度等。它们分别有自己的优点和缺陷，具体如下（见表 1.4）。

---

① 资料来源：潘旭伟、仇元福，2002。

表 1.4　　　　　　　　　　知识资本测度方法评析

角度及方法	优点	缺陷
知觉行为测度（知觉影响态度和行为）	对于制度行为、组织设计以及行为变革适用	因果关系不够明晰、存在主观偏差、与绩效和利润水平的相关度不高
文化测度、员工知识测度等		
过程测度（建立知识过程图解）	反映过程应用和效能、预测未来绩效与基础结构要求	涉及过多知识领域，导致概念模糊、与利润和绩效改进相关度不高
知识资产地图和知识资本指数		
财务测度（组织知识资产财务价值）	测度 ROA 和 ROI 等审计知识资产价值	变量过于复杂、无法标准化、不可能得到全部会计指标
市场和经济价值增值法		
系统测度（财务指标与非财务指标整合）	定性与定量方法的有机结合，联结了组织流程与财务，促进了 IC 效能	指标过于烦琐，无法标准化测度及相互转化
财务测度、过程测度与知觉行为测度的整合		
其他测度		
社会网络测度、人力资本价值测度等	组织程序改进等	应用过于单一、片面
	外部无形资产	

随着知识经济的来临，围绕知识资本的评估、测度形成了大量的研究成果（Annie Brooking，1996；K. E. Sveiby，1997；Edvinsson & Malone，1997；Ross，1997；Baruch Lev，1999；Kaplan & Noton，2004）。从目前掌握的资料来看，对知识资本的评估测度大概有 26 种不同的方法，虽然这些方法繁杂众多，但总体上可划分为非货币性计量方法和货币性计量方法两大类型，根据不同的视角和发展阶段，这些方法又可以划分为宏观评估模型和微观评估模型两大类（Perkmann，2002）。

非货币性的计量办法主要有以下 8 种：①无形资产监控仪法；②平

衡计分卡法（Kaplan & Norton, 1992）；③人力资本能力法；④Skandia 导航器法；⑤知识资本指标法；⑥知识资本地图法；⑦价值链记分卡法；⑧技术风险—收益单位度量法（Technology Risk – Reward Units Metrics, TRRU Metrics）。货币性计量方法主要有企业价值差额法、累加法和收益法。

知识资本的宏观评估模型经历了：①"无形的资产负债表""平衡计分卡"（1996）、"斯堪迪亚导航仪"（1995）等第一代宏观评估模型；②"智力资本指数"（IC – Index, Roos et al., 1997）、"智力资本星象图"（1997）、"智力资本审计"（1996）等第二代宏观评估模型；③"全面价值方法"（Holistic Value Approach, HAV、Roos, 2000）、"知识计分卡"等第三代宏观评估模型。第一代评估模型是知识资本测度评估的起始；第二代模型已经比较成熟；第三代模型目前仍处在理论探讨阶段，真正应用还为时尚早。

知识资本的微观评估模型，主要包括"价值链计分卡"（Baruch Lev, 2001）、"协作氛围指数"（Sveib, 2002）等模型，大多用以评估和量化单个知识工程（知识创造机制）的影响，或对某一具体范畴的知识资本进行识别与定量估计。

依据现有的研究成果，结合对知识资本宏观和微观模型的研究，可以更深入地开展知识资本的定量及定性分析，但是目前宏微观研究之间尚未建立直接联系，进行系统分析和综合考量仍面临困难。

2. 国内关于知识资本测度的研究

国内学者关于知识资本评估的研究也取得了较大发展，并形成了自己的研究特色，得出了较为符合中国实际的知识资本评估测度方法。国内学者的研究大多从货币计量的角度进行，具体可以分为两类：逐项评估法和整体评估法。逐项评估法是对知识资本的各个要素单独进行评估，然后再对单独评估的结果进行汇总并得出总体结果；整体评估法则是基于组织的整体，利用组织市场价值与账面价值的差额来确定知识资本价值，主要有无形资产计价法、托宾斯法等。

整体来看，国内知识资本测度研究主要经历了三个阶段。第一阶段是20世纪80年代早期，是知识资本测度理论萌芽阶段，该阶段重点研究知识资本与企业的关系测度，为日后知识资本的理论研究奠定了基础。第二阶段是 20 世纪 80 年代后期到 90 年代末期,是知识资本测度理论发展的重要阶段。这一阶段进一步将测度理论的研究与实践结合,并通过不同的视角对知识资本形成的原因进行了分析,产生了大量的研究成果并沿用至今。第三阶段是 20 世纪 90 年代末期,是知识资本测度进一步完善和丰富的阶段,在此期间,各国开展了深度合作,知识资本测度也成为知识资本理论研究者共同的聚焦点,相关的学术会议逐步增多,论文成果报告逐步丰富。

四 科研机构知识资本研究现状

科研机构作为科技创新的主要发源地,其无形资产及有形资产都是衡量创新能力的重要指标,因此深入剖析科研机构知识资本状况将有助于增强科研机构的创新活力,提高科研机构知识资本总量,促进科技对经济的贡献。

本书分别以"知识资本""科研机构知识资本"等为关键词,在中国知网(以下简称"CNKI")和国家图书馆馆藏目录检索系统内进行检索,结果表明,在国内关于知识资本的研究尚处于初级阶段,而对于科研机构知识资本的研究则更为稀少(见表 1.5)。

表 1.5　　　　关于科研机构知识资本研究的文献检索情况

	中国博士学位论文全文数据库(2000—2017 年)	中国优秀硕士学位论文全文数据库(2000—2017 年)	中国期刊全文数据库(2000—2017 年)	国家图书馆馆藏目录检索系统(2000—2017 年)
知识资本(精确查找)	21	88	712	23
科研机构知识资本(精确查找)	1	0	1	0
研究机构知识资本(模糊查找)	1	0	2	0

续表

	中国博士学位论文全文数据库（2000—2017年）	中国优秀硕士学位论文全文数据库（2000—2017年）	中国期刊全文数据库（2000—2017年）	国家图书馆馆藏目录检索系统（2000—2017年）
转制院所知识资本（模糊查找）	0	0	0	0
知识资本化（精确查找）	3	0	35	0
科研机构知识资本化（模糊查找）	0	0	0	0

注：1. 检索项为"题名"。

2. 以"转制院所知识资本""科研机构知识资本化"为"题名"精确查找的结果为零，故而放宽检索精度，采用模糊查找方式。

笔者根据CNKI收录文献的研究层次对该领域的相关论文进行了分析。以2000—2017年为检索时间范围，在"篇名"栏精确查找"知识资本"结果显示，在知识资本的相关研究成果中，基础研究（社会科学）和行业指导（社会科学）等层次的研究在21世纪以来较为热门，相较而言，基础研究（社会科学）主导地位十分明显，文献数量471篇，占全部文献的54.39%。同时，针对知识资本的概念、构成、评估与测度等方面的研究数量不少，这说明知识资本虽然是一种资本形态，但目前多集中于理论研究阶段，真正能够指导产业发展的研究成果较少（见表1.6，图1.5）。

表1.6　　2000—2017年知识资本研究领域分类统计表

研究类型	数量/个	比例/%
基础研究（社会科学）	471	51.8
行业指导（社会科学）	160	17.6

续表

研究类型	数量/个	比例/%
政策研究（社会科学）	129	14.2
职业指导（社会科学）	74	8.1
工程技术（自然科学）	9	1
行业技术指导（自然科学）	9	1
经济信息	4	0.4
大众科普	3	0.3
基础与应用基础研究（自然科学）	3	0.3
高等教育	2	0.2
政策研究（自然科学）	1	0.1
大众文化	1	0.1
未知类型	43	4.9

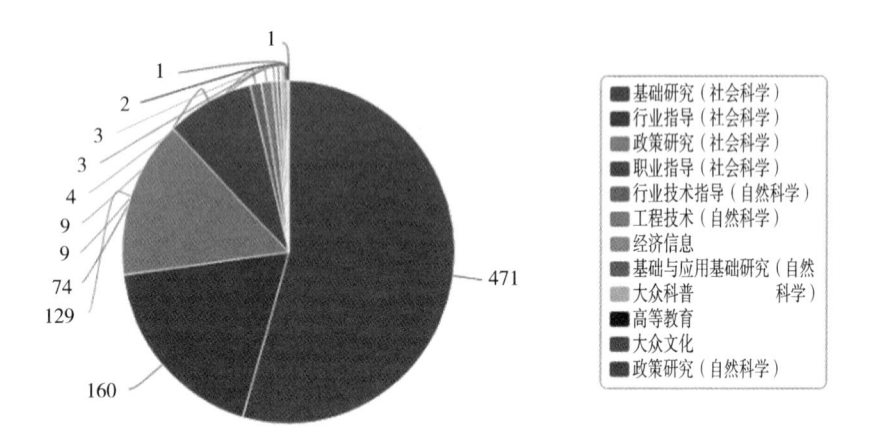

图1.5 研究层次分布情况

接下来，采用科学计量学的研究方法，依托CNKI收录的文献信息，以"关键词"为检索项，检索词汇设定为"知识资本"，对2000年1月1日至2017年12月31日期间发表的文献进行检索，对相关研究获得了更深入的了解。删除原始数据中高校相关会议摘要、人物专访、院系介绍等论文后，共有 1071 篇文献。从论文分布年代、被引频次、基金资助级别、刊物分布、学术合作等方面对我国知识资本相关领域研究状况和发展新形势进行分析可以看出知识资本相关文献时间分布的大概情况，如图 1.6 所示。

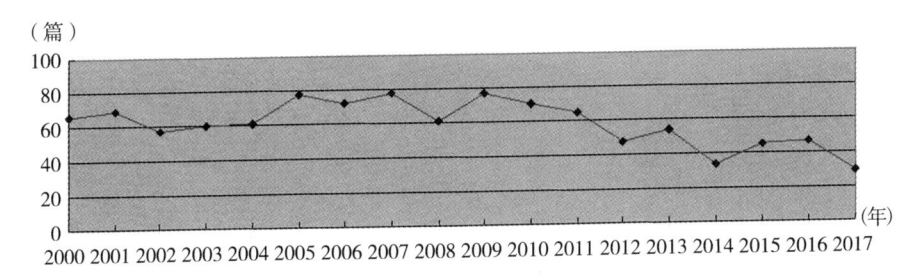

图 1.6 论文年度分布情况

图 1.6 显示，知识资本研究论文的高峰出现在 2005 年和 2007 年，低谷期出现在 2014 年和 2017 年；论文产出数量自 2009 年至今有所减少，但总体数量依然保持在较高水平，这表明，知识资本相关研究在中国学术界已进入稳定期。

通过关键词频的分析，可以了解知识资本研究领域的主要方向和学科交叉情况。如图 1.7 所示，该领域的研究热点集中在知识资本、知识经济，词频分别为 631 次和 608 次。从关键词出现的情况来看，知识资本研究和人力资源管理、财务管理、创新能力等有较为密切的关系。因此，可以得出结论：资金、人才、产业发展与知识资本研究具有紧密的关系，这实际上就是知识资本的本质，它已呈现出资本化的发展趋势。

统计结果显示，有 281 家研究机构围绕知识资本研究领域开展了 442 次机构外部合作。本书分析了研究知识资本论文中机构外部的合作情况，借助知识资本研究机构的关联度分析，得出如图 1.8 所示结果。在图中，合作关系的紧密程度以机构间连线粗细来代表：合作发表的论文数量越多，线条越粗；圆形面积大小代表合作论文数量的多少，论文出版总数越多，面积越大。图中显示，进行深度和长期合作在机构间并不多见，且机构间的合作持续性不高。虽然合作单位关联性多，但论文总量相对较少，很大一部分只有过一次合作。在合作单位中，开展对外合作最多的是华中科技大学，合作论文共计 11 篇；其次是武汉大学，有 9 篇；中国海洋大学则是 7 篇；湖北经济学院与厦门大学共计合作了 5 次。

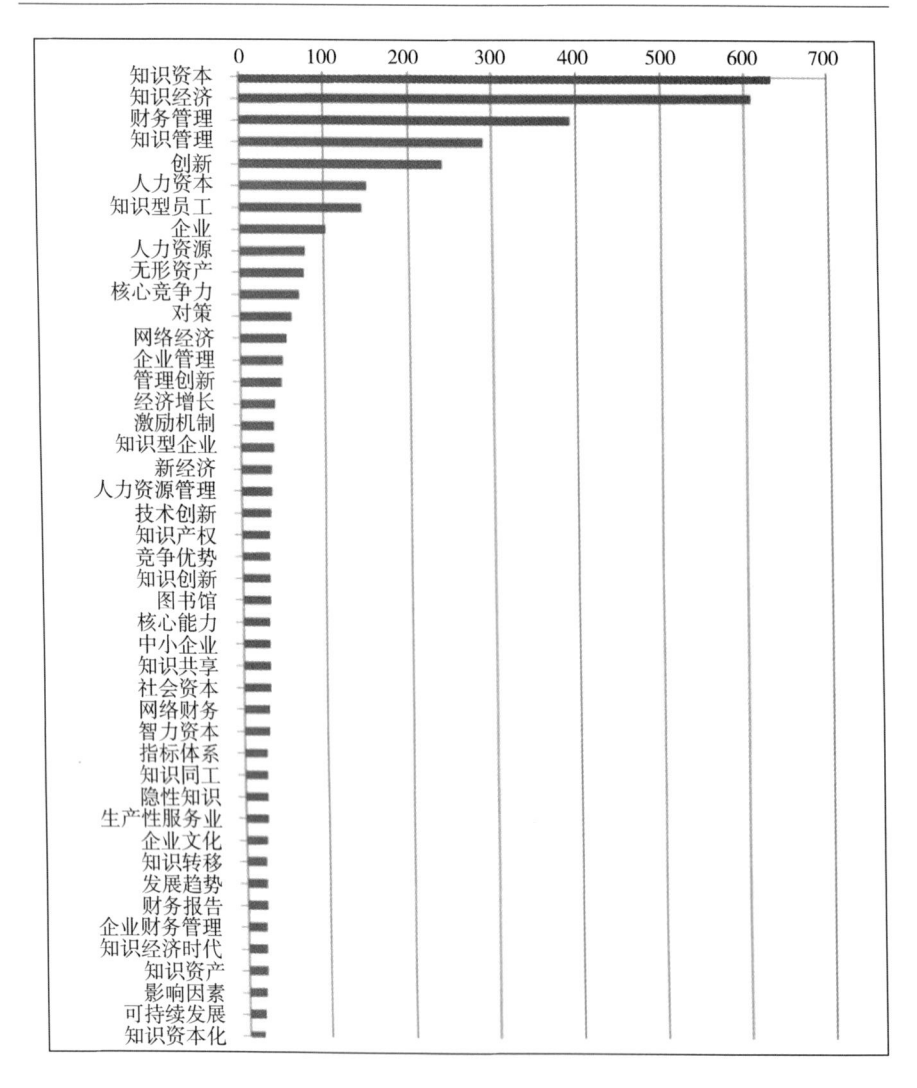

图 1.7 关键词频分析

从合作关系来看，学术界尚未出现长期稳定的合作单位和合作团队，合作单位的单一性说明还需加强该领域的发展，尤其需要加强实践性的研究。

20 世纪 80 年代末西方国家提出了知识资本的概念，90 年代开始进入对知识资本的理论研究，中国则是从 2000 年才开始研究知识资本。随着研究的深入，学者们通过设立不同研究目标、不同研究内容，从不同视角对知识资本进行剖析，用以完成不同的工作任务需要。

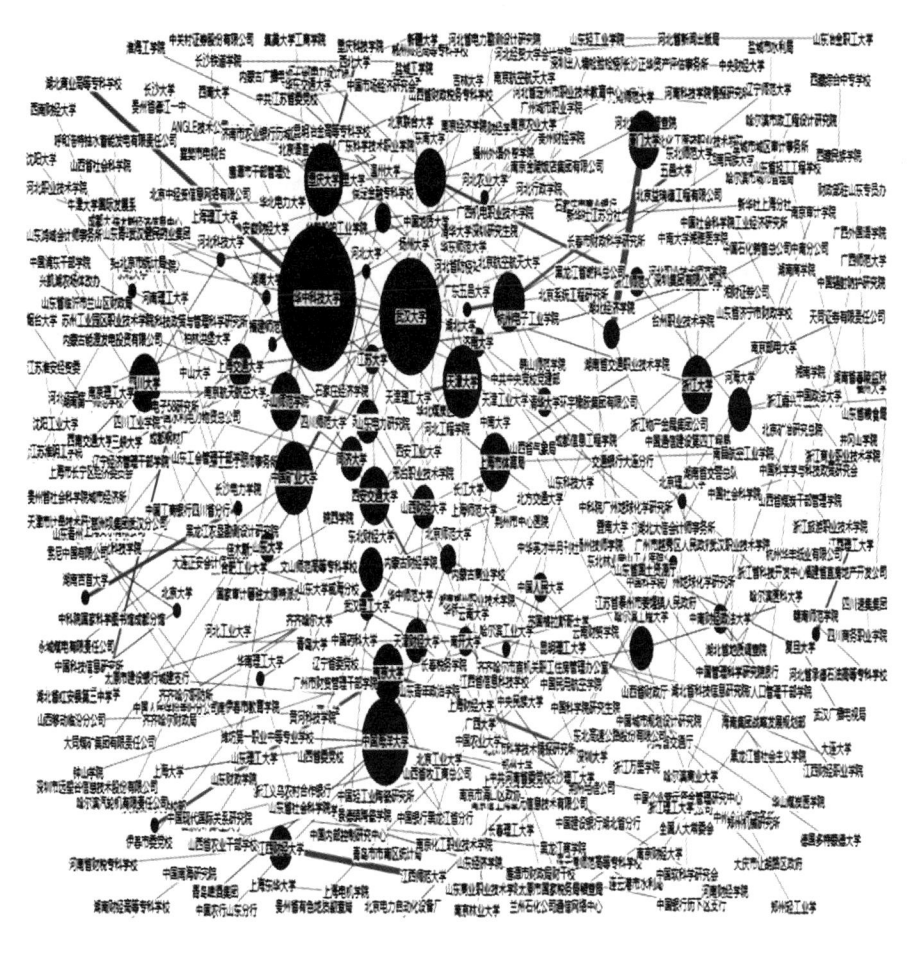

图 1.8 科研机构合作情况

在知识资本的概念研究方面。通过分析上述资料，可以看出对于知识资本概念的界定，国内外学者所侧重的定义类型主要包括以下四类：第一类，侧重于知识资本作用的角度，认为知识资本是一种很重要的社会资产，持此看法的如国外学者 Stewart、国内学者王开明、万君康等；第二类，侧重于知识资本的存在形式，认为知识资本是一种无形资产，是企业市场价值超出账面价值的部分，代表人物如国外学者 Edvinsson、Sullivan、Annie Brooking 和 K. E. Sveiby，国内学者严若森、申明等；第三类，立足知识资本所具有的独特价值属性，认为知识资本是能够为所属企业创造价值的，具有价值增值性，持此种看法的有 OECD，以及国内的党兴华和白连志等；第四类，从企业要素整合的角度来对知识资本进行定义，此类学者将知识资本视为诸多要素的集合体，而并不是单一的资本，是多种资本相互之间综合作用的成果和产物，比较有代表性的学者有国外的 Bontis、Dave Ulrich，以及国内的蒋序标等。

对知识资本的内涵，虽然国内外学者理解不同，但从其观点可以看出，在很大程度上已有共识。主要体现在以下两点。第一，认为知识资本确实是存在的，而且其存在有利于企业的健康发展；第二，认为现在所说的知识资本其实并不是一个全新概念，它是在继承传统的资本概念并延伸和扩充的基础之上建立的，并不是一种新的事物，而是原有事物发展的新阶段。从知识资本的内涵分析，由于它能够带来经济利润和竞争优势，因此成为一种重要的经济要素。从知识资本的外延看，它包括了知识、信息、经验、关系等特殊的内容，既可以被看成知识转换过程的最终产出，也可以被看作公司所有的基于知识的资产的净值。

在知识资本构成要素研究方面。知识资本研究的核心内容之一便是知识资本的构成要素，无论是几因素说，首先都对知识资本的存在形态进行了肯定，并在此基础上承认知识资本的非物质形态特征。首先，在知识资本的构成要素中，人力资源资本和知识产权资本居于核心地位，这主要是由知识资本本身具有的特性决定的；其次，知识资本的构成具有层次性和逻辑性，这种层次性和逻辑性虽然在不同的学者眼中有着不同的体现，但其包含的内容却基本一致，没有本质区别；最后，知识资本构成要素的具体内容、逻辑层次性是知识资本测度的理论基础，使测度成为可能。

在知识资本测度研究方面。知识资本自身的特点导致对知识资本测度的研究进展较慢，但学者们基于知识资本本身的特征也设计了各种评估测度模型，并对其进行了测度。国外学者从宏观和微观、货币性计量方法和非货币性计量方法等不同角度进行研究；国内学者则侧重从货币计量的角度进行研究，探索符合中国实际的知识资本测度方法。由于研究者的学术背景和研究切入点不同，其测度方法和技术路线各异，目前较为完善的知识资本计量理论尚未形成。

通过以上关于知识资本文献的研究，得出如下结论。

1. 根据文献发展趋势，2000 年以来，国内知识资本研究进入了相对稳定的阶段，但同时也遭遇了发展瓶颈，知识创新已领先于相关概念研究，需要引入新的研究视角来推动知识资本相关研究的深入开展。

2. 目前学术界对知识资本的概念研究已基本成熟，但对其与实践结合的新的理论研究热潮还未形成，较高水平的研究也不多见。

3. 作为一个理论与实践相结合的研究领域，知识资本与管理、人才、创新具有十分密切的关系，但中国目前对该领域的研究主要集中在高等院校，而对科研机构知识资本相关课题的研究则比较有限。因此，加强对知识资本的系统研究，特别是作为知识资本重要发源地的科研机构的知识资本的研究就更为迫切。

4. 科研机构承担着解决社会发展热点、难点、焦点问题的理论与实践研究任务，科研机构的知识资本水平标志着科研机构的创新能力和核心竞争力，因此，深入了解科研机构的知识资本情况，提升科研机构的知识资本总量，促进科技与经济的融合，推动科学技术的革新与进步，在当今的时代背景下显得尤为重要。

第三节 本书的内容框架

本书的研究对象是科研机构的知识资本，分析知识资本内涵，在此基础上探究如何在科研机构中对知识资本进行积累、循环并产生价值增值，并进一步剖析科研机构知识资本的运行机理，以此构建科研机构知识资本的评估测度模型，并将这一模型运用于中国科研机构知识资本的测度与评估之中。

本书根据研究目标和研究内容，从基本理论和概念出发，构建理论框架体系及模型，运用实际数据进行实证验证，实现从理论到实践的发展，并在实践中不断丰富和完善理论基础，用以更好地指导实践。

本书的主要研究内容如下：

第一，建立基础理论框架。本书以人力资源管理理论为出发点，对人力资源管理进行概念界定，并系统分析了人力资源管理理论的发展历程。在知识经济时代，人力资源管理显得尤为重要，价值构成主体从体力劳动者转变为依靠智力贡献为主的知识劳动者。这种新劳动主体和财富创造形态的出现，使知识成为一种新的资本形式，从而必将引起对商品价值的衡量、资本的内涵及形成路径，以及分配体制的构建等多方面的改变，形成从理论到实践的再造。因此本书在系统分析人力资源管理理论的基本概念及发展历程的基础上，着重分析知识资本的分类、特点、内在属性及其周转过程等，并进一步分析知识资本化过程中的知识生产过程、科技转化过程和知识资本价值增值过程。

第二，构建科研机构知识资本的分析框架。科研机构具有不同于大学和企业研发机构的组织特性和功能，面对日益加剧的科技竞争，科研机构需要不断地动态调整自身的知识结构，加快从知识到资本的转化过程，进而提高知识资本的存量与流量，不断积聚创新资本。针对目前科研机构知识资本分析框架缺失的现状，本书结合科研机构的自身特点，分析了科研机构知识资本的构成、主要载体、运行机理等，并分析了科研机构劳动力的价值与使用价值，特别是使用价值的转化和价值增值的实现流程。

第三，分析科研机构知识资本的形成机理及运行路径。科研机构是科技成果的发源地，也是知识的集合体，科研机构的知识资本形成和运行要遵循特定的规律。本书通过分析科研机构知识资本获取的前期准备、内外部转化等过程，揭示了科研机构知识资本的形成机理、路径等问题，为科研机构知识资本的评估测度模型构建提供理论基础。

第四，构建科研机构知识资本评估测度模型。我国科技体制改革和科研机构发展的顺利推进，取决于多方面因素，是一个复杂的系统工程。加速科研机构知识资本的积累与形成，是提升科研机构核心竞争力的主要途径之一。科研机构的知识资本总量是衡量科研机构创新活力的重要标志，因此构建科学合理的科研机构知识资本测度模型，并对知识资本总量及主要构成要素等构成环节，进行科学合理的测度和评估，具有重要的现实指导意义。本书在对比分析现有三种知识资本测度与评价模型的基础上，从中国科研机构知识资本的实际情况出发，借鉴国内外已有知识资本的评估测度模型，合理选择评估因子和评价指标，分析构建符合中国科研机构实际需求的评估测度模型，建立评估指标，采用层次分析法、专家打分法、比较分析法和系统评价法等进行综合分析，在确定各个指标的权重后，按照构造判断矩阵、计算单排序权向量并做一致性检验、计算总排序权向量并做一致性检验的程序进行分析处理，根据上述定性指标的量化、定量指标的无量纲化处理和层次排序权重分析处理，最终得出关于科研机构知识资本综合价值的计算公式，形成综合测度模型。

第五，对科研机构知识资本化评估测度模型进行验证。构建符合中国科研机构现实需求的知识资本评估测度模型需要综合考虑多种因素，建立合理的量化指标，才能真正服务于中国科技体制改革的需求。在评估测度模型建构以后，还要验证其实用性，以满足中国科研机构知识资本测度的实际需求。本书以我国地方性大型科研机构——北京市科学技术研究院为例，运用构建的知识资本评估测度模型的综合评价公式，选择其具有代表性的直属科研机构进行评估测度。测度结果一方面校验理论的正确性；另一方面也为该科研机构的考核评估提供指导。

第六，将理论研究与实证研究结合，总结分析提升科研机构知识资本总量的方法与途径，为加强科研机构知识资本的管理和运营提出实操性方案。理论研究的目的在于促进实践的发展，因此，本书在对科研机构知识资本评估测度的基础上，分析科研机构知识资本的现实情况，根据模型验证的结果，为科研机构进一步提高知识资本总量、增强核心竞争力，提出对策和建议。

总体上，本研究以劳动价值论为理论出发点，对知识经济时代科研机构知识资本为具体研究对象，通过以上几个方面的理论和实践分析，探索提升科研机构知识资本总量的有效途径，为进一步有效地对科研机构进行评估提供理论依据和实践借鉴。

第二章　知识资本的理论基础

第一节　人力资源管理理论

一　人力资源管理概述

人力资源作为人力资源管理理论的基础，最早是由"现代管理学之父"彼得·德鲁克于1954年在其《管理的实践》一书中提出的，指出人力资源是所有资源的最高形式，强调协调能力、融合能力、判断力和想象力。人力资源作为组织最活跃的资源，其概念界定在不同历史时期，学术界对其认识可谓仁者见仁、智者见智，存在不同的认识和看法。目前，学术界关于人力资源概念的权威界定主要分为两大类：一种认为，人力资源是能够推动社会和经济发展，为社会创造物质财富和精神财富的体力劳动者和脑力劳动者的总称，认为人力资源作为活的资源，排除了不能推动社会发展和为社会创造财富的那一部分人；而另一种指出，人力资源是指以劳动者的质量和数量表示的、能够推动整个经济和社会发展的资源，在知识经济时代，人力资源则主要表现在劳动者的质量，强调劳动者的科学文化素养和思想道德素质。

人力资源管理是管理科学和经济科学两大学科相互渗透、融合的结晶，也是当代管理科学研究中最具有应用价值和最受关注的领域之一。与人力资源的概念相对应，人力资源管理的定义也同样在学术界存在着不同的认识。人力资源管理有广义和狭义之分，广义的人力资源管理，是指影响员工的行为、态度以及绩效的各种政策、管理实践及制度；还有学者认为人力资源管理是指一切对组织中的员工构成直接影响的管理决策及其实践活动。狭义的人力资源管理主要划分为以下四种：有学者认为人力资源管理是指运用现代化的科学方法，对与一定物力相结合的人力进行科学合理培训、组织与调配，使人力、物力经常保持最佳比例，与此同时也对人的思想、心理以及行为进行恰当合理的诱导、控制和协调，注重发挥人的主观能动性，使人尽其才，事得其人，人事相宜，以保证实现组织目标；有学者指出人力资源管理是为了实现组织目标，提高组织效率，运用心理学、社会学、管理学、经济学以及人类学等相关学科知识和原理，对组织中的人力资源进行规划、培训、选拔录用以及考核激励的计划、组织、控制和协调的活动过程；有学者提出人力资源管理是把以从事社会劳动的人和有关部门的事的相互关系为对象，借助组织、协调、控制以及监督等手段，谋求人与事以及共事人之间的相互适应，以实现充分发挥人的潜能和组织管理目标的管理活动；还有学者强调人力资源管理是为了实现组织管理的战略目标，利用现代科学技术和管理理论对所获得的人力资源进行开发、调控及整合，并支付合理的报酬使其得到有效的开发和利用的实践活动。

综合国内外各学者对人力资源管理的概念界定，我们可以把人力资源管理概括为各种社会组织在人力资源的获取、开发、保持和使用等方面进行的计划、组织、激励和控制等一系列管理活动的总称。

二　人力资源管理理论的发展历程

人力资源管理理论作为管理理论的重要研究理论之一，产生于人类社会的实践活动之中。随着人类社会化生产的不断发展，在人类长期的管理实践活动中，结合管理理论的形成与发展历程，人力资源管理理论按照时间顺序可以划分为三个发展阶段：自然形态阶段、古典管理理论阶段，以及现代人力资源管理理论阶段。

18世纪60年代，随着市场需求的不断增大，英国工场手工业生产已经无法满足其需求，英国率先掀起了工业革命。瓦特改良蒸汽机之后，引起了以手工技术为基础的资本主义工场手工业过渡到采用机器的资本主义工厂制度的重大飞跃。随着机器的使用，人逐步成为自然的主宰，科学第一次脱离直接经验的范畴，发展成为独立的知识形态，这在一定程度上促使了管理方式的改变，进而促进了人力资源管理理论的形成，人力资源管理理论作为一个独立的过程，它脱离了自然形态向自觉形态转变，这是科学管理的发源。因此，该阶段作为人力资源管理理论的初始阶段也被称为自然形态阶段。

随着科学技术的进一步提高，以泰勒为代表的科学管理理论和以法约尔为代表的古典组织管理理论构成了 19 世纪末 20 世纪初古典管理理论。尤其是 19 世纪后期以泰勒为代表的科学管理理论派，在美国管理运动中，不仅在生产效率上取得了巨大的成效，而且也促进了管理理念的改进与创新。泰勒所倡导的以科学为依据的管理理论，强调运用建立法规等科学的方式方法来提高劳动生产率，强调用标准化的生产方式，使资本家得以降低成本、增加利润。

泰勒的科学管理理论对管理界的影响是广泛而深远的，其《科学管理原理》一书被人们视为管理理论产生的里程碑，在管理学的研究上具有划时代的重要意义。他强调提高劳动生产率是科学管理的中心问题，认为要提高劳动生产率，就必须要挑选"第一流"的工人，科学挑选工人、制定培训工人的科学方法，并建立动时研究与标准化以及职能工长制度，鼓励实行激励性的报酬制度，提倡在管理上实行例外原则，即高级管理者将一般事务的处理权下授给下一级管理人员，进而使高层管理者从日常的管理事务中解放出来，专心处理组织的重大问题。

科学管理理论体系的建立并非是由泰勒一人完成的，该理论体系的建立离不开其追随者的共同努力。后来以法国的法约尔、德国的韦伯等为代表的管理科学研究学者，在阐述管理理论时均涉及一些人力资源的管理思想和原则，对现代人力资源管理理论研究产生了深远的影响。但是绝大部分学者过于强调"以事为中心"，强调环境和团结，在很大程度上忽视了人的社会心理因素的作用。古典管理理论对日后人力资源管理理论的发展产生了深远的影响，也影响着管理科学的发展。

继古典管理理论阶段，管理学流派也呈现出"百家争鸣"的局面。与此同时，人力资源管理理论也随之发展，现代人力资源管理理论在融合各类管理学派之长的基础上，借鉴了生理学、心理学、统计学和社会学等学科研究成果，为探索现代化管理模式的多样化奠定了坚实的理论基础，进一步促进了管理理论的繁荣与发展。本书着重研究归纳以下几种对人力资源管理模式有着重要影响作用的管理理论。

作为现代人力资源管理理论雏形的人际关系理论，也是西方人力资源管理理论的集中表现。与泰勒以"经济人"假设的管理学不同，人际关系理论是基于"社会人"假设的管理学,它从人的行为本质中激发动力,强调人在生产中的重要作用,提出了人在管理实践中的核心作用。

梅奥作为人际关系理论的代表人物,注重研究组织中人的行为,通过实验证明了员工是"社会人"而非"经济人",管理者必须尽力满足员工的社会和心理需求,才能提高生产效率;指出企业中存在"非正式组织",管理人员应重视非正式组织的存在,并采取恰当的措施,引导非正式组织为正式组织的活动和目标服务;认为新型的领导力在于提高职工的满意度。人际关系理论是在运用多种学科理论基础上真正开始的对人的研究,它开创了管理理论的又一个崭新领域,对现代人力资源管理理论的形成产生了重大推动作用。

需求层次理论创始人马斯洛,认为人的需求是分层按需发展的。一般来说,人只有满足了较低层次的需求,才能促使其追求更高层次的需求,已经满足的需要不再成为管理中的激励因素。针对现代企业员工的管理方式和管理制度大多是以需求层次理论为指导,但从严格意义上分析需求层次理论,它过于强调理性,关注需求层次方面,忽视了员工需求及其激励之间的关系,这在一定程度上限制了对管理实践的指导意义。

雷德里·赫茨伯格在前人研究的基础上,提出要把员工的需求因素划分为保守因素和激励因素,二者作为激励员工的关键双因素相辅相成,并以此作为研究员工激励理论的基础,在企业实践中具有可操作性强的特点,我们称此理论为激励理论。这种双因素激励理论对人力资源管理理论的贡献在于对激励因素和保守因素的合理利用,并在具体实践过程中采用不同的管理策略。

在上述理论研究与总结的基础上,系统理论学派开始形成。该理论把泰勒的科学管理和行为科学以及现代管理学派的管理理论进行综合,它是对前人研究成果的总结和提炼。其代表人物是切斯特·巴纳德,他在具体的企业管理实践过程中,充分利用自己的身份深入了解企业的本质,并提出应该把企业当作几方面要素组成的协作系统。系统理论学派在全面考虑管理理论适用性的基础上,在很大程度上克服了以前管理理论的某些片面性,把对人的管理放在科学的地位上,探讨了其中相互运动的规律,充分重视了人力资源管理子系统,促进了管理理论的完善。

随着数量分析方法的盛行,数学模型与电子计算机逐渐应用于管理之中，计量型的研究方式，在日本企业管理中逐渐盛行，越来越多的企业开始借鉴日本企业的管理模式。日本式管理的显著特点就是坚持以人为本，注重人在管理中的核心作用，公司所有的活动及其战略都是围绕着以人为本的中心思想展开的。数量分析方法在人力资源管理中的应用，有效地促进了人力资源管理的定量研究。以人为本的管理模式在不断得到理论界和实践界肯定的同时，也在学术界产生了深远的影响，人本管理理论促进了管理理论的多元化发展。

随着日本经济发展举步维艰，管理学界对日本的人力资源管理模式进行了反思，由于企业间竞争力度的空前激烈，管理学的发展更加活跃，产生了较多的管理创新理论，影响较大的有学习型组织理论和企业再造理论，二者都是管理创新的重要部分。

学习型组织理论是由圣吉（1990）在《第五项修炼》一书中提出来的，在管理实践的基础上，强化企业的学习功能，强调营造弥漫于整个组织的学习气氛，建议全体员工努力适应新的环境，发挥员工的创造性，将创造性融入企业的发展愿景，建立有机的、能持续发展的组织。企业再造理论是由哈默和钱贝（1993）提出的，他们认为核心能力是现代企业的基本生存能力，认为要使现代企业在激烈的市场竞争中确立时间、质量、成本、服务的优势，就必须对业务流程进行重新设计和根本改造，这对于人力资源管理模式的研究提出了新的课题。

第二节 知识资本对生产力的促进作用

一 从劳动价值论到知识价值论

劳动的表现形式在不同时期有所不同，对劳动的理解也有所不同，从单纯的体力劳动，到体力与脑力的综合劳动，再到脑力占比增加的劳动，直到当今知识支配的劳动。随着劳动的变化，商品的概念也在发生变化：根据不同商品科技知识含量的高低，商品可划分为"劳动性商品""技术性商品"和"知识性商品"。随着脑力劳动日益普及，传统衡量价值量的体能支出时间概念已不能完全反映知识性商品的价值构成，重大变化在知识性商品的价值内涵中产生。"知识性商品主要在知识创新活动中产生商品价值的增值，在这一过程中，知识商品价值增值的关键是知识含量的提升。"

对于劳动价值论与知识价值论的关系，马克思已经强调：在一定时间内，相比简单劳动或者效率较低的劳动，复杂劳动或者效率更高的劳动创造的价值更大。这也意味着，马克思的劳动价值论实际上已经蕴含了"知识类劳动在价值创造中具有重要作用"这一思想，知识劳动及其价值的创造理论体系是对马克思劳动价值论在经济时代的新发展。

二 从劳动生产力到知识生产力

知识资本理论是从劳动生产力到知识生产力的新发展。在农业经济时代，劳动更多地表现为劳动者的体力劳动，体现的是体能生产力；在工业经济时代，劳动的技术复杂性已逐步提高，劳动者的生产技能对劳动的效率有更大的影响，因此体现为技能生产力；在知识经济时代，随着生产工具和劳动对象的科技知识含量不断增加，知识性劳动逐渐成为生产经营活动的重心，知识与智能在生产活动中占据主导地位，智能支出的数量和质量成为衡量劳动生产效率的尺度。知识经济时代，表明知识已然成为最重要的生产力。

马克思对于知识积累非常重视，他认为"劳动生产力是由多种情况决定的，其中包括工人的平均熟练程度，科学的发展水平和它在工艺上应用的程度，生产过程的社会结合，生产资料的规模和效能，以及自然条件"。工人的平均熟练程度是可以通过教育培训、增加知识提高的，科学的发展以及应用在实质上也就是知识的积累和应用，生产资料的规模和效能往往受限于科学与技术的发展程度。

知识和技术的积累和扩张，促进了生产力的发展。科学技术促进资本主义的扩张，"科学和技术使执行职能的资本具有一种不以它的一定量为转移的扩张能力"。因此，在马克思看来，提高了劳动者素质，有利于增加劳动生产率。在资本主义社会里，资本家往往因为一己私利阻碍科技进步，一个鲜活的例子是，固定资本投资，如铁路需要耗费大量的资本，资本家不愿意采纳新技术过快地更新铁路。

但是，在资本主义社会条件下，知识和技能的增长被资本利用了。"资本不创造科学，但是它为了生产过程的需要，利用科学，占有科学。"这样，作为社会智力发展的结果，却成为工人异己的力量。社会主义社会已经消灭了私有制，科学知识这种异化从理论上来说已经不存在了，知识和技能已经被视为促进社会进步和提高劳动生产力的工具。由于知识由脑力劳动者创造，却被资本占有，而这种占有反过来又成为剥削脑力劳动者的工具，这在一定程度上就阻碍了知识的创造与积累。所以，知识的产权应该赋予知识的创造者而不是资本的所有者。

三 知识生产力与知识资本

影响生产力的因素在人类发展的不同时期存在着本质差异。资本主义生产促进知识的积累，按照劳动价值论，知识的积累和科技的进步可以大幅度提高劳动生产力，但是在资本主义私有制的背景下，科学家以及知识工作者被资本支配，科学为资本主义的崛起提供了前提，也是其推动的结果。一方面，资本以生产力的发展为前提条件；另一方面，资本促进生产力的发展。资本为了追逐剩余价值最大化，实现资本扩张，积极利用包括科学技术在内的一切力量。这些价值关系和资本都反映了人与人之间的社会关系，它们的载体物仅仅是工具，既可以为资本主义服务，也可以为社会主义服务。

知识资本可以转化成为生产力，提高劳动生产效率。马克思认为科学是"财富的最可靠的形式，既是财富的产物，又是财富的生产者"，科学工作者的任务就是发现新知识，促进财富增长。科学虽然不能够创造价值，但却能够转移价值，促进财富的增长。我们建设社会主义市场经济，就要促进知识的创新和积累，让知识为生产服务，为社会服务，从而促进劳动生产力的提高，最终获得更多的物质财富和精神财富。

第三节 知识资本的界定及分类

一 知识的含义

目前，知识的含义有多种界定。柏拉图最早在《泰阿泰德篇》中提出了对知识的定义："知识是经过证实了的真的信念。"这是哲学史上关于知识的第一个定义。《现代汉语词典》中将知识界定为："人们在社会实践中所获得的认识和经验的总和。"《辞海》中知识的定义是："知识是人们在社会实践中积累起来的经验，从本质上说，知识属于认识的范畴。"《韦氏大辞典》对知识的解释是:"知识是人们通过实践对客观事物及其运动过程和规律的认识,是对科学、艺术或技术的理解,是人类获得关于真理和原理的认识的总和。"管理学大师德鲁克认为:"知识是一种能够改变某些人或者事物的信息。"中国《知识管理框架》国家标准中将知识定义为:"通过学习、实践或探索所获得的认识、判断或技能。"中国国家科技领导小组办公室在《关于知识经济与国家知识基础设施的研究报告》中,对"知识经济"中的"知识"做出了新的界定:"知识是经过人的思维整理过的信息、数据、形象、意象、价值标准以及社会的其他符号化产物,不仅包括科学技术知识——知识中最重要的部分,还包括人文社会科学的知识、商业活动、日常生活和工作中的经验和知识,人们获取、运用和创造知识的知识,以及面临问题做出判断和提出解决方法的知识。"

马克思认为,知识是客观物质世界的东西在人的主观精神世界中的观念反映与展现,是事物或事实在人的意识中的存在方式,是人类在现实活动中形成的主、客体之间不断展开和演化的一种对象性关系。

综上,本书认为,知识是"人们在社会实践中积累起来的经验",从哲学观点分析,知识属于人的认识范畴,是人类认识和学习的结果。与此同时,知识具有增值性特点,使用知识的人越多,通过补充、强化、验证、改善和运用,就越能提高知识的正确性和丰富程度,知识的使用价值也就会越高。

二 知识资本的含义及分类

知识资本是将知识转化为资本的过程,它由脑力劳动者创造,在商品货币关系中作为一种全新的生产要素,可以带来更高剩余价值的价值。在这个过程中,知识需要人对知识本身进行智能化运作,通过对相关知识资源的获取、整合、重构并产生新知识,进而实现开发、配置、生产、分配和使用等,以此将知识商品投入知识的积累和循环运转中,使其实现保值和增值,最终成为知识资本。

知识资本的价值表现形式仍然是货币,其实物载体通过不同的表现形式加以体现,它是传统资本概念的有效扩充。

第一,按照知识存在的形态,知识资本可以分为显性知识资产和隐性知识资产。其中，知识产权资本和人力资本构成显性知识资产的外在存在形式，而隐性的知识资产则主要由市场资本、创新资本以及管理资本等组成。

第二，按照资本存在的形态，知识资本又可以被分成有形和无形两种资本存在形态。其中，前者主要包括知识产权资本和市场资本两种具体的形态；而后者则包括组织管理资本及人力资本。

第三，根据知识资本概念的内涵和外延，国外学者提出了多种知识资本分类方式，其中，最具有影响力的，如"二元论"模型的积极倡导者瑞典学者列夫·埃德文森，曾经对知识资本概念做过界定，他认为知识资本蕴含着企业创造潜力，主要表现为企业市场价值与账面价值之间所存在的差额，在此基础上，他将知识资本的外延具体分为两项，即人力资本和结构资本。这一观点是与他的合作者帕特里克·沙里文共同提出的。与此同时，美国学者托马斯·斯图尔特提出了知识资本构成的"三元论"，他对知识资本的界定包括人力资本、结构性资本和顾客资本，也被称为知识资本的"H-S-C结构"。

综上分析可以看出，知识资本既是一种显性知识资产，又是一种隐性知识资产；既有有形形态，又有无形形态；既包括人力资本，又包括结构资本。不同专家学者的分类在本质上并不冲突，不过是采用了不同的标准而已，在逻辑上并不是一个层面的分类方法，所以，对知识资本而言，完全可以采取多维的分析视角和分类办法。本书认为，知识资本可以从人力、技术、管理和关系的角度进行划分，这种划分使其在一个逻辑层面上获得分析的可能。

第四节 知识资本的特点及属性

一 知识资本的特点

知识资本的价值属性主要在于它的使用价值以及可以被用做商品进行交换；其商品属性是由于知识工作者在不同的领域、使用不同的工具、运用不同的方法在劳动工作中创造了知识，并将其放置于资本的运行过程中，知识资本一旦进入资本的流通领域，其使用价值得以体现，即通过知识资本创造出更多的价值；其资本属性在于，当知识能够产生一定的收益时，它作为资本的特性就被体现出来，便也成为一种资本。

1. 知识资本的扩展性

在人类历史进程中，科学技术的不断进步使人们的认知不断更新和完善，随之而来的是知识资本结构的不断丰富和拓展。传统资本以一种固定的物理结构存在，而知识资本将会伴随着科技的进步不断积累和扩展。

2. 知识资本的二重性

知识资本是自然属性和社会属性的辩证统一。马克思曾经明确指出："资本不是物，而是一定的、社会的、属于一定历史社会形态的生产关系，它体现在一个物上，并赋予这个物以特有的社会性质。"知识资本的自然属性，是指知识资本能够实现价值增值的增值性，即随着生产投入的增加，知识资本可以提高投入的产出效率，它可以决定社会属性。知识资本的社会属性是指知识资本归谁所有的所有权属性，这是由知识资本具有的价值性所决定的。

3. 知识资本的预付价值性

马克思强调，投资是知识资本得以形成的必要前提，这种投资需要耗费相当的物质财富和智力劳动，有时甚至还要面临机会成本较大的问题。因此，知识资本具有预付价值性，或称其为垫付价值性，知识资本的投资成本必须在知识资本所带来的未来持久性收入中得到补偿。

4. 知识资本的创新性

知识的增长是呈螺旋状上升的，是不断丰富、完善和发展的，知识资本的创新性是指知识资本的积累随知识的更新而呈几何级数增加。

5. 知识资本的依附性

知识资本转化为市场价值，必须借助一定的物质载体，这种载体可以是人，也可以是知识产权、专利等。在不同的载体中，知识资本的依附程度不同，有些载体中的知识资本容易被表达和提取，有些则相反，不容易显性化。

6. 知识资本的高增值性

作为知识的集合与转化物，知识资本的价值实现不仅需要对知识进行复制与使用，还需要对知识进行持续的更新与升级，其增值过程是无形的。知识资本不但自身价值会增加，还会通过其转化实现高增值。

7. 知识资本的排他性

知识资本的排他性体现为两点：一是其他资源的不可替代性；二是知识资本，特别是隐性知识只可以被特定机构所拥有，不能让其他机构获得，从而确保知识资本的所有者能够凭借该资本从市场竞争中取得尽可能多的经济利润。

综上，本书认为，知识资本具有扩展性、二重性、预付价值性、创新性、依附性、高增值性和排他性等特点。

二　知识资本的属性

1. 知识资本的价值属性

知识是人类生产生活中积累起来的改造自然和社会的工具之一，对人类的生存、发展与进步有着非同凡响的意义，因此知识是具有价值的。这种价值从马克思资本理论的角度看，首先，体现在使用价值上，即知识可以满足人们对于改造自然和社会的需求，能够在一定程度上体现人类存在的价值。其次，从政治经济学价值的角度看，知识的价值体现在其可以用来作为商品进行交换，不论是哪种方式的交换，都能体现出知识的商品价值，也即知识本身正逐步成为一种具有价值的商品参与到商品经济活动中去。

2. 知识资本的商品属性

商品价值理论是马克思资本理论的基本组成部分。在知识经济时代，知识工作者在不同的领域、使用不同的工具、运用不同的方法在劳动工作中创造了知识，并将其放在资本的运行过程中。所以，知识具有价值和使用价值，具有商品的属性。知识资本一旦进入资本的流通领域，使用价值就体现出来，也即通过知识资本可以创造出更多的价值，从知识本身的特性看，知识资本的这种使用价值一般体现在知识本身所具有的创新性特征上。

知识转变为商品后，它的价值便通过获取及更新知识所需要的社会必要劳动时间来体现；它的商品价值则可以通过获得知识的劳动者的具体劳动来实现。但是，知识商品与一般商品不同，它不是通过有形的物质形态表现出来，而是通过图形、文字、程序、信息等形式表现出无形形态。知识商品的这种特殊性主要有以下表现：首先，知识商品本身没有完全的排他性和不可逆性。作为一种商品，知识一旦被出售，其原本的拥有者仍会拥有这些知识，而且还可以与其他人共同享有使用这些知识的能力。但是当知识作为一种私有化产品被公开以后，其传播便具有不可逆性，更不可能像有形物品一样能够收回，更不可能被剥夺。其次，知识商品具有非磨损性和无限增值性，它在生产消费过程中不可能被消耗掉，通过使用，知识商品可以创造出比自身更多更大的价值，不会像其他商品一样因使用而出现磨损。最后，知识商品还具有共享性和私有性。一方面，它可以为不同的人所共同占有，用以产生更多的价值；另一方面，知识又需要通过知识产权，如专利等方式对其进行保障，以体现其私有性的特征。

3. 知识资本的资本属性

知识进入商品生产过程以后，便不再是单纯的一般知识，而是一种资本化了的知识，从而成为一种社会财富。从经济学角度分析，资本是企业进行一切日常生产和经营活动的基础。资本的存在不能被否认，即哲学上讲的资本也是一种"客观实在"。

资本的定义表明，当知识产生一定收益的时候，它作为资本的特性就会体现出来，成为一种资本。从这个意义上看，只有被用来实现盈利和增值目的时，知识才能成为知识资本。那些能够体现劳动者技能的普通知识本身并不能转变成为资本。

知识是人的脑力劳动的产物，"知识"带来收益的方式有两种：一种是以商品的方式，进入市场交换的各个领域；另一种便是以"分配契约"的形式，进入企业，以获得"企业经济剩余分配"。在这一过程中，知识通过这种方式为其所有者带来了经济剩余，也就完成了从商品到知识资本的转化。

第五节　知识资本的运行过程

一　知识资本的积累

随着社会生产力水平的大幅提升，知识发挥的作用日渐凸显，科学技术成为第一生产力，知识资本登上历史舞台，并成为经济车轮滚滚向前的重要动力和支撑。在知识经济时代，资本积累不但促进了劳动者素质的提高，同时也推动了科技的进步以及科技成果的转移转化，使科技与经济结合得更加紧密，促进了经济发展朝着更高的形态迈进。

知识资本是以知识形态存在着的资本，知识资本的积累是不断进行扩大再生产的主要推动力。它既遵循资本积累的一般规律，同时又自具特点。知识资本的两个核心要素是人力资本和技术资本，其中人力资本是知识资本的基本形式。教育、培训、研发等形式可以有效地完成对人力资本积累的投资。投资主体包括个人、企业和政府。人力资本的积累促进技术资本的产生，而技术资本的积累可以推进人力资本的更多积累。在人力资本积累充足后，运用一些方法进行研究开发，能够创造出指导人类生产、生活的新技术和新知识。研究开发等方式是技术资本积累的主要手段，在人力资本推动技术资本的阶段，通过与投入的货币资本或物质资本结合，人力资本经过人脑的复杂智力劳动，形成了如技术发明、专利、论文、著作、科学发现等成果。在知识资本积累的阶段，通过对不变资本和可变资本的追加，分别用于购买生产资料和人力资本，两类资本在生产过程中结合，使规模扩大的再生产得以实现，这一阶段是知识资本积累的主要环节。

二 知识资本的循环

资本是在不断循环中实现价值增值的，并且只有基础形式的产业资本能够发生价值增值。资本循环是产业资本经过购买、生产和销售三个阶段，通过货币资本、生产资本和商品资本三种职能形式，实现价值增值后又回到原来出发点的运动过程。为此，知识资本循环过程：一方面，知识资本在产生之后，便在具体的循环过程中执行生产资本、知识资本、货币资本和商品资本四种职能，而与之相对应，则是采取生产、知识、货币和商品四种资本形式；另一方面，资本的各部分依次经过整个循环过程，且处于循环的不同阶段，因此，循环连续中的知识资本同时处在各循环阶段，并呈现与各种阶段相适应的不同职能。就单个资本来说，再生产有时会发生中断，但社会总资本始终是三个循环的统一。这样，"知识资本既是社会资本的构成部分，也是三个循环的统一"。

三 知识资本与剩余价值

知识资本在不断的运行中实现了价值的增长。在知识经济时代，由知识资本转移的价值占比越来越大，因此，知识资本的运动总公式就可以直接简化为 G - K - G′。与此同时，在知识经济时代和市场经济的大背景下，剩余价值存在包括三大条件：一是生产力条件，即高效的劳动生产率；二是经济关系条件，即商品生产与交换；三是原动力条件，即多元微观经济主体利益。

由此，可以分别得出货币资本、知识资本、知识商品资本的循环公式，分别是：K′（新知识），G - K - GK - K′ - G′（货币资本），Ck - K′ - G′ - K - Ck（知识资本），K′ - G′ - KC（知识商品资本）。

所谓资本周转的时间是包含着总资产价值从两个相连的循环周期间的间隔时间，包含着资本生产过程的周期性，这一间隔时间，同时也是同一资本价值增值或生产过程更新、重复所需时间。资本的周转时间指的是资本的生产时间和流通时间之和，而生产时间指的是生产领域形成资本所需要的时间，流通时间指的是在流通领域资本停留所需的时间。资本处于流通时间时，其功能没有得到发挥，也无法产生剩余价值和生产商品。因此，当资本流通时间缩短时，资本周转越快，投资者所需的价值增值就越多，回报也越大。

知识资本的剩余价值产生及周转过程符合资本周转的一般规律，但又有其特殊性。这是因为：第一，知识资本的周转周期一般较长。如研究出一项重大的科研成果或者创作出一个卓越的艺术作品等，通常需要大量的时间成本以及人力、物力、财力的投入，一个人的人力资本可能需要十余年甚至二十余年的投入才能形成，个人或者机构的声誉资本也往往需要数年的积累才能形成。要收回某项知识资本的"原预付"价值，需要在"生产"出来或购入之后，经过很长时间才能完成。这表明，知识资本的周转周期较长。第二，知识资本在其积累、循环、周转产生剩余价值的过程中，其价值具有有限性及无限性并存的特点。因为，在知识资本中，人力资本的价值会逐步转移到新产品的过程中，虽然有可能产生精神损耗，但这是因知识老化、过时、陈旧而造成的，这种损耗并不会影响其他价值的继续存在，这就是人力资本价值转移的有限性与无限性的体现。研究表明，知识产权资本（如专利技术发明等）的价值并不因转移而损耗消失，经过使用，这些知识资本进入知识价值库中，成为其中的一部分，对社会公众免费开放，所有人和机构都可以免费获取这一资源，因此，对所有者而言，知识资本是有限的，但对社会而言，则是无限的。第三，作为一种新的生产力，知识资本是人类智慧的结晶，其主要表现为新的思想、观点、创新思路、新技术和产品等，它的劳动量将远超社会现有的平均劳动。这些知识也具有很强的外部性，因为从事具体基础科学和基础理论研究的人和科研机构，无法直接通过市场交换来获取与其成果相匹配的价值，这些知识成为一些新的专利和发明的理论研究基础，是人类知识库当中的一部分，从而间接地促进社会资本周转的增值能力。

在社会主义社会，劳动过程可以理解为生产使用价值的劳动过程和生产剩余价值的价值增值过程的有效统一。因此，在当今时代深刻剖析知识资本对剩余价值形成的贡献，并对其在流动、裂变、组合、优化配置等各个方面进行有效的设计，通过有效的制度安排，促进知识资本在剩余价值生产中的占比，并通过股权激励、员工持股、认购股权等分配方式的调整，促进剩余价值的产生量，将是我们在知识经济时代获得发展先机的优选法则之一。

本章小结

本章结合当代发展实际，分析了知识资本的内涵、分类、特点、内在属性及运行过程，完成了知识资本理论框架的构建。知识是人们在社会实践中积累起来的经验，在一定条件下转化形成知识资本。在商品货币关系中，知识资本作为一种全新的生产要素，通过商品价值的形式追求增值。

知识经过资本化的过程，最终形成知识资本。在这个过程中，需要人对知识本身进行智能化运作，才能够使其创造价值并带来剩余价值。通过对相关知识资源的获取、整合、重构并产生新知识，进而实现开发、配置、生产、分配和使用等，以此将知识商品投入知识的积累和循环运转中，实现保值和增值，从而成为知识资本。知识资本具有扩展性、二重性、预付价值性、创新性、依附性、高增值性和排他性等特征，其内在属性是价值属性、商品属性和资本属性等。

在知识经济时代，知识资本作为一种新的、特有的资本形式，已经成为促进经济增长的最重要因素，人们通过知识信息的创造、加工、传播和应用为经济增长提供动力。知识资本的运行过程由知识的积累、循环到剩余价值产生等多个环节构成。"能够带来剩余价值"的基本属性在知识资本和传统资本中都有体现，因此，知识资本和传统资本都是各类科技创新主体发展壮大的根本基础。知识资本"投入—产出"的过程同样具有增值性，即通过流动、裂变、组合、优化配置等各种方式进行有效运营，在利润最大化的前提下实现并推动资本扩张。知识资本获取剩余价值的分配方式主要有股权激励、员工持股、认购股权等。作为一种特殊资本，知识资本除了具备一般资本的属性，还兼具高度增值性、长期收益性、与主体的融合性等特殊属性。因此，知识是由劳动者在不同领域，使用不同的工具、方法等，通过劳动创造出来的，当它进入商品流通领域，也就是资本的运行过程中时，就实现了知识的价值增值。

第三章 科研机构知识资本的分析框架

第一节 概念界定

一 科研机构的界定与类型

科研机构是由相关学科的学术带头人,以及一定数量和质量的科研人员组成,具有明确的研究方向和工作任务,以知识生产、传递、利用和保护为主要活动,有组织地从事研究与开发活动的机构,具有支持政府使命、提高社会科研能力以及服务国家经济和社会科技发展需要等社会功能。

科研机构的分类,最早是根据科研机构经费的来源与管理模式进行区分的。国家按照不同类型的学术活动特点,将科研机构划分为全额拨款科研机构、差额拨款科研机构和自收自支科研机构三种类型;另一种传统的做法是根据科研机构项目及其成果的公益性与非公益性,将科研机构划分为社会公益类与技术应用型,但技术应用型因为缺少对社会的公益服务属性,更多地体现自我的发展,因此绝大多数转为了企业,依靠市场生存。社会公益类科研机构因为更多的是服务政府决策、解决社会发展问题等的公益性机构,因此主要依靠政府的财政支持。

由于科研机构类型众多,对其进行一一列举并开展调研有实操上的难度,因此本书将重点关注公益类科研机构,并开展相关研究,以期为进一步了解科研机构的情况提供一些思路上的借鉴。

二 科研机构知识资本的界定

科研机构作为科技创新的发源地,以其在国家科技发展战略中的独特地位和性质,决定了科研机构知识资本构成也有其自身的特点,虽具备普通资本的特征，但也具有独特性特征以及价值增值方式。

国内外学者对知识资本构成要素的研究，无论是两因素论、三因素论、四因素论还是五因素论，总结起来，学者们大多认为人力资本是知识资本的重要组成部分，甚至是核心部分。因此知识资本的核心是人力资本以及以管理为主的结构资本，还包括资本转化运行的技术资本和顾客资本以及关系资本、创新资本、流程资本等诸多因素。

对于科研机构而言，特别是公益性科研机构，人力资本、技术资本、管理资本与一般社会机构的知识资本并没有太大区别，主要区别在于其社会文化关系方面的资本。我们认为，基于公益性科研机构的顾客多以社会公共利益群体的形式出现，特别是在当前政府购买公共服务的社会背景下，顾客资本事实上已经转化为一种社会关系资本而内化在知识资本之中。至于创新资本和流程资本之类的分类方法，由于层次的不同，不宜用于知识资本构成的分析。所以本书认为，科研机构知识资本包含了科研机构的四类资本的总量，即人力资本、技术资本、管理资本和关系资本，代表了科研机构将各种要素转化为最终价值的能力。科研机构知识资本的价值在于使凝聚起来的科研资源得到有效利用，科研机构知识资本情况是科研机构核心竞争力的重要指标。

第二节　科研机构知识资本的结构

知识资本的构成要素一直是争论的关键问题。本书认为，科研机构的知识资本主要由人力资本、技术资本、管理资本和关系资本四部分组成，且这几部分只有相互联系、互相支持才能不断地扩大科研机构的知识资本总量，实现科研机构知识资本的价值增值，产生最大的科技创新成果，从而推动科研机构科技的进步发展及创新能力的提高。

一　人力资本

人力资本是知识资本的重要组成部分，它是指劳动者将自身知识和技能投入生产和管理过程中的一种资源总称。劳动者的知识和技能既包括天生的能力，也包括后天培养获得的才能，具体形式表现为科研能力、生产能力和资源管理能力。人力资本是伴随着知识经济的发展而成长起来的，已经成为科研机构必不可少的资本构成要素。人力资本是科研机构获得竞争优势的关键因素，也是创造未来价值的坚强推动力。

　　人力资本是能带来剩余价值的生产要素资源。在科研机构中最有价值、最具开发潜力的知识资本还是科技人才，即人才资本。科研机构的人力资本更多地表现为个人解决技术问题的能力，即研究人员所拥有的知识、技能等个体能力，这种能力具体表现为科研能力和科研团队的组织、协调、领导、合作能力。人力资本价值的实现必须有相应的组织和制度安排，如健全、完善的科研人员培训、激励、提升等机制。良好的外部机制环境不仅能防止重要科研人才的流失，而且还能吸引新的人才进入，促进科研机构人力资本的积累和价值的实现，从而使科研机构获得竞争优势，获得未来收益。

　　科研人员具有很强的学术研究能力以及资源利用能力，这是一种相对于一般劳动者而言更高级别的人力资本形式。这种能力也是一种创新能力，可以将掌握的知识和资源应用到实践中去，并能够以此开发出更大价值的实践工具。科研机构的人力资本具有鲜明的特征：一是依附性。人力资本都凝结在科研机构当中，表现出与"人"的不可分离性。同时，人力资本依靠社会环境进行发展、转移、提升，对社会环境具有依附性。二是累加性。通过科研人员自身的积累能形成资本性的经验、技术、能力等精神财富，并为所在科研机构带来物质财富，实现资本和物质财富的积累。三是动态性。人力资本不仅表现为静态的知识资源，更表现为动态的循环和流动，在科研机构业务流程、价值创造过程中不断地运动，为科研机构服务，创造更多的价值。

　　科研机构人力资本还可以划分为个体人力资本和团队人力资本。个体人力资本主要是指科研人员个体所拥有的知识理论、实际能力、健康状况及其所体现的世界观、价值观等，主要表现为素质、经验、技巧、能力、信誉、信念、创新等。而团队人力资本是一个综合整体的概念，主要体现为团队氛围、团队知识、团队资源、历史积淀以及长期凝结而成的默契等，是科研机构整体所具有的文化气息、价值体系、共同目标等。作为典型的知识型产业，科研机构的创新能力是其可持续发展的本质源泉，其综合创新能力体现在各个科研团队的学术创新过程中，是其内部所有科研团队创新能力的合力。

事实上，科研机构的运作过程同样符合管理学中的"二八"定律，即科研机构 80% 的科研功能实际上是由 20% 的优秀科研人员实施和完成的。所以，近年来我国科研机构的人才竞争日趋激烈，优秀科研人员的维系与争夺也就成为科研机构面临的一项长期任务。

二 技术资本

技术资本是科研机构可持续发展的驱动力，主要包括科研成果、知识产权、技术资产等。技术的资本化一般可分为技术的商品化和技术的资本化，在具体的形式上，又可以分为技术入股、技术抵押、补偿贸易三种形式。

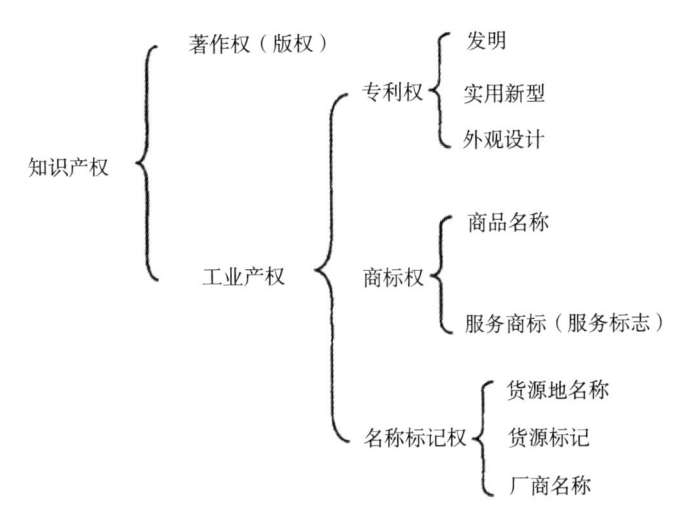

知识产权
- 著作权（版权）
- 工业产权
  - 专利权
    - 发明
    - 实用新型
    - 外观设计
  - 商标权
    - 商品名称
    - 服务商标（服务标志）
  - 名称标记权
    - 货源地名称
    - 货源标记
    - 厂商名称

图 3.1 知识产权的构成

鉴于马克思的劳动价值理论适用于知识资本理论，我们将社会必要劳动时间置于知识资本的语境下进行分析，判断知识产权增值能力的大小可以通过这一比例进行测算——"知识产权所解放的劳动量或劳动时间"与"形成知识产权价值所耗费的个别劳动时间"之间的比率。知识产权依托于具有创造性和实用性的商品，因此，此处的社会必要劳动时间应理解为，生产知识产权所在的有形载体单个同类产品所需要的平均劳动时间或劳动量，它们所产生的平均社会效益是等价的。通过预期知识产权使用所节约或增加的社会必要劳动时间或劳动量，来衡量它的价值增值能力，全新的知识产权劳动价值决定论由此确立。

科研机构主要从事各领域先进及尖端技术的研究和应用技术的完善和创新，其知识产权形式是一种无形财产，对应的形态比较抽象，主要包括专利、论文和出版物等，可以看出，知识产权是科研机构的重要资产，也是其最宝贵的财富。从知识资本形成的角度来看，科研机构的日常运行就是围绕知识生产进行的，科研机构在现有知识的基础上，进行创新和开发，并通过成果转化、技术传播等手段和途径实现社会价值和经济价值。由此，知识产权可以说是科研机构的核心资产，科研机构会自主地通过对知识产权的保护，推动知识资本化向更高层次发展。因此，知识产权保护在推动科研机构知识资本化的过程中，具有一定的杠杆作用。

技术资产比较具体化，是一类对特定知识的实物性描述，通常都受到法律或保密条款的保护。技术资产一般可划分为隐性和显性两大类：隐性技术资产是指隐藏在科研人员大脑中，属于经验、构想、灵感、创意等方面的精神财富，若不进行脑外物化表达，则外人无法感知，因而无法用计算机进行编码加工；显性技术资产则是指，借助一定的物质载体使得科研人员的才智得以物化形成显性资产（专有技术、计算机软件等），以及科研机构长期组织运营形成的独特优势（品牌形象、运营机制、文化氛围等）。

技术资本是在知识经济时代才出现的一种新型的资本形式，是科研机构知识资本的重要组成部分。而科研机构的科研和创新能力是技术资本的重要体现，与科研机构的研发投入密切相关。技术资本化是技术成果商品化的结果，由于技术具有价值增值的功能，因此具备了一般商品和资本的双重属性。技术之所以能够成为技术资本，是因为它可以与有形资本相结合，并为其所有者带来价值的增值。这也是技术成果转化之所以成为科技成果转化的一个重要途径的原因之一，技术资本转化为现实生产力以各类技术资源为载体来实现，在这一过程中带来资本的增值，创造效益。

与货币资本不同的是，技术资本的载体必须是具有使用价值的技术成果或能力。作为技术成果供给方的科研机构，在技术资源方面具有更强的优势。将技术资本的市场化运作过程等同于科研机构技术资本的运行过程是片面的——缩小了科研机构技术资本运行过程的内涵和价值。除却市场化运作过程以外，还应该包括从技术的形成、技术资本化，到技术资本增值的一整套全过程。科研机构使技术与资本相对接，继而实现了技术成果转化，这也是产学研合作的重要内容之一。

三 管理资本

科研机构是知识资本密集型组织，主要对知识进行生产、传递、利用和保护。科研机构知识资本开发工作的效率主要取决于科研机构人力资本的开发、科研成果的开发、知识产权的开发以及技术资产的开发程度，而所有这些都只有在完善职工权责和奖惩机制、调动科研人员主观能动性的良好的管理体制机制下才能实现。好的管理体制机制才能将人力资本中潜在的、隐性的知识财富开发出来，创造更多的知识资本。

这里所说的管理资本，主要指科研机构中不依附于人力资本而存在的其他能力，包括组织机构、经营运作、管理规范等，可以保证科研机构安全有序、正常高效地运行的基本知识因素。管理资本主要通过计划、组织、协调、控制等途径创造更多的知识资本，实现知识资本的合理开发、高效转化、科学共享和实时保护。

四 关系资本

关系资本是指机构与所有与其发生联系的外部组织之间建立的关系网络，及其带来的资源和信息优势。科研机构的关系资本是一种关系总和，潜藏在知识资产利益相关人或外部环境中。科研机构是一个有组织输入与组织输出的综合系统，是一个非营利性组织，也是一个典型的利益相关者组织，因而也包括内外部利益相关人的关系。因此，利益相关人的关系资本是科研机构长期经营所掌握的知识资本体系的重要组成部分。

第三节 科研机构知识资本的载体

在国家创新体系建设中，科研机构扮演着重要的角色。科研机构中的知识资本是科研机构获取核心竞争力和学术影响力的重要因素，深入研究其主要载体对进一步加强科研机构知识资本管理和运行具有积极的促进作用。

从中国科研机构的业务工作内容、流程和组织特性入手，可以从三个角度分析科研机构的知识资本载体，即单位声誉（科研品牌）、科技成果和科技人才。

一　科研品牌

知识经济的发展，使公民对品牌效应的认知越来越强。科研机构的声誉也是一种品牌，它标志着科研机构的社会影响力和学术影响力，是无形资产。科研品牌的影响力大小决定着科研机构的行业影响力的大小。在市场经济和知识经济时代，经过了市场的运作后，科研机构的声誉也会成为一种知识资本，同时也是竞争资源和优势，因此，品牌也就成为一种知识资本并参与竞争，而且可以发挥更大的潜力和开发价值。

二　科技成果

科技成果是人们在科学研究活动中，通过复杂的脑力劳动而产生出的具有一定社会影响力或经济价值的知识产品。在中国开始市场经济以后，科技成果作为知识资本无偿提供给企业使用的时代已成为历史。科研机构作为科技成果的主要发源地，如何提高自身的科技含量、自身的核心竞争力，成为各创新主体关注的焦点。科技成果是知识资本化中的重要一环，作为科技、经济和社会互动发展活动的产物，它通过内容与形式的不断变化，最终成为无形资产中不可或缺的一部分。

三　科技人才

人才资本是知识资本的重要内容，科技人才是科研机构中最有价值、最具开发潜力的知识资本。优秀的科技人才作为知识资本的重要载体，一旦融入市场，其价值不可估量。从这个角度看，在科研机构改制中，不论是哪种机构都应该在激烈的市场竞争中重视人才，特别是高技术专业人才。要充分利用科技人才的聪明才智，防止人才流失，吸引更多人才加入科研队伍，从而增强本单位的市场竞争实力。

第四节　科研机构知识资本的价值转化与增值

一　科研机构劳动力使用价值的转化

人类主要通过劳动去维持和保障自我生存及发展。劳动可分为脑力劳动和体力劳动两大类，其中与知识资本关系密切的主要是脑力劳动。脑力活动是指以大脑神经系统的运动为主，以其他生理系统的运动为辅的主体运动，如思考、记忆等。总体上劳动是人类运动的一种特殊形式，也是价值产生的重要条件之一。科研机构的劳动大多是以脑力劳动的形式出现，在脑力劳动中将使用价值转化为价值。

劳动资料包括生产工具、生产所需的动力和能源以及经济主体为实现其劳动客体的价值所需要投入的一切劳动资料。对于科研机构而言，劳动资料一般以非可见的无形性劳动资料为主，如科技人员的思想；同时也包含部分可见的劳动资料，如科研机构所使用的数据与资料等，但是无论哪种形式的劳动资料都须在科技人员的工作中体现出价值。

劳动对象是人们将自己的劳动加于其上的物质资料。劳动对象分为两类：一是未经加工的自然界物质；另一类是加工后的原材料。科研机构的劳动对象是未被加工的思想、数据资料、实验等内容，在科研机构中也大多以无形资产的形式存在。

科研机构中劳动力使用价值的转化是通过生产工具将劳动、劳动资料和劳动对象结合起来实现的。作为劳动的产物，技术条件具有使用价值和价值，并且服从于经济主体，受其支配。正如马克思所说："技术（知识）使用价值是指以物化活劳动形式（如生产工具）存在的，在质上具有主观能动性、在量上具有伸缩性的并且能够创造价值的抽象的有用性。"对于科研机构而言，劳动、劳动资料和劳动对象的结合即科研机构劳动使用价值的生产过程，实现了劳动力使用价值的转化。

二 科研机构劳动力的价值增值

劳动力的价值是指生产、发展、维持和延续劳动力所必需的生活资料的价值。同任何其他商品的价值一样，劳动力的价值也是由生产和再生产劳动力这一特殊商品所必需的劳动时间决定的。由于劳动力只有作为活着的劳动者的能力才能存在，因此，劳动力的生产要以劳动者的生存为前提，劳动者的生存和维持，则需要有一定数量的生活资料。劳动力的使用价值是指劳动者进行劳动生产的能力。劳动本身就是在消费或者使用那些劳动力的使用价值，劳动力作为商品，其使用价值与普通商品之间存在本质的不同——它创造价值与剩余价值，即它能创造大于其自身价值的价值。科研机构劳动力的特征是由其科研人员本身的特性决定的。通过消费或劳动，科研机构劳动力的使用价值得以体现，劳动凝结在商品中形成新的价值，进而成为价值和剩余价值的源泉。

科研机构的劳动力价值增值过程可做以下分析：首先是"达到一定点"的价值形成过程，也就是说新的使用价值的形成过程。科研机构的科技人员在劳动过程中生产出商品使用价值，并把生产资料的价值转移到新的产品中去。科技人员在进行具体劳动的同时，又通过抽象劳动凝聚形成商品的新价值。其次是超过"一定点"的价值形成过程，即价值增值过程。价值增值过程是科技人员劳动超过一定点而延长的价值形成过程，这一点和普通人的劳动一样。在价值增值过程中，科技人员的劳动时间可划分为两部分：一是再生产劳动力价值的时间，也就是必要劳动时间；二是剩余劳动时间。在中国目前所处的社会主义市场经济条件下，科研机构的科技人员劳动所形成的剩余价值通过国家占有的形式形成了社会资产，科技成果为社会所共享，用以解决社会发展中的热点、难点与焦点问题，为推动社会的进步和人类的发展发挥更大的作用。而在资本主义社会，这一剩余价值则是被资本家占有的。

本章小结

本章首先对研究的对象科研机构以及科研机构的知识资本进行了界定，明晰了科研机构知识资本的结构、特征、表现形式、载体等，并在此基础上，运用资本理论的观点，对科研机构劳动力使用价值向价值的物化转化过程进行了分析，对科研机构劳动力的价值增值实现形式进行了说明。

科研机构的知识资本总量是科研机构的人力资本、技术资本、管理资本和关系资本按照各自的权重进行无量纲化处理后加权的总量，代表了科研机构将各种要素转化为最终价值的能力，这种能力是科研机构所拥有的核心竞争力。

作为知识资本重要组成部分的人力资本，也即科研机构劳动力，其使用价值的转化类似于马克思资本理论视野下普通劳动力使用价值的转化，也是在劳动、劳动资料和劳动对象的结合过程中得以实现的。科研机构的劳动大多以脑力劳动的形式出现，在脑力劳动中将使用价值转化为价值。对于科研机构而言，劳动、劳动资料和劳动对象的结合过程，也就是科研机构劳动使用价值的生产过程，实现了劳动力使用价值的转化。

科研机构劳动力的使用价值可以通过消费将劳动凝结在商品中形成新的价值。劳动既是价值的源泉，也是剩余价值的源泉，它大于劳动力价值，并生产出更多的剩余价值。只不过，在中国当前的社会主义市场经济条件下，科研机构科技人员劳动所形成的剩余价值，通过国家占有的形式形成了社会资产，并在社会主义建设中发挥了巨大作用。

第四章 科研机构知识资本的形成机理与路径分析

第一节 科研机构知识资本形成的前期准备

一 科研机构内外部知识的获取

面对全球日益加剧的科技竞争，科研机构需要不断地动态调整自身的知识结构，不断获取、更新、积累新知识，实现知识的创新、应用与扩散，提高知识资本的存量与流量，这是促进科研机构发展和引领科技领域拓展的最佳策略。知识资本和其他资本一样具有稀缺性，并且在知识资本化的过程中，知识的获取、转移、消化、吸收过程需要消耗一定的时间和资源，也就是说，知识的获取需要付出一定的成本。因此，只有当科研机构出于提升自身知识位势、提高研发实力、扩大研究领域等目的，有获取知识的动力的时候，才会发生获取知识的行为。科研机构获取知识的动力与其对于获得知识的预期息息相关。只有在知识获取的过程中，其收益大于科研机构所必须付出的成本的时候，才会从根本上追求知识的获取、吸收以及消化再利用。

科研机构原有的知识函数决定其学习发展效力，它对知识转移的效率具有至关重要的作用。知识的转移不仅仅是获取知识代码和符号的过程，更需要对新知识进行理解、消化、吸收和运用，挖掘知识背后的知识，形成自己的隐性知识。同时，知识传输技术和传输方式会影响知识传输的成本，知识的性质也会对知识转移的成本产生作用和影响。比如，显性知识和隐性知识的转移效率不同，因此两者的转移成本也有差别。一般来说，知识的编码化，特别是网络信息资源的利用，会促使显性知识的转移效率迅速提高，转移成本也就大大降低；而隐性知识的转移方式主要依靠人际交流、沟通，与接受者的吸收能力有很强的关联性，因此转移效率很难提高，导致隐性知识的转移成本大大高于显性知识的转移成本。除此之外，知识的交易也需要成本。在知识的交易过程中，交易双方所拥有的知识差距越大，成本就越高。在此过程中，科研机构中新知识的产生与原有知识结构和层级的差距不宜过大，否则知识交易成本的增加量将会较大。

知识的增值是科研机构在科技发展的复杂性、动态性和不确定性的环境下，对自身知识体系进行不断优化，形成新的知识函数的过程。在复杂多变的科学研究工作中，科研机构始终面临着知识稀缺的约束限制，需要不断地创造和获取新知识，不断地提出新理论、新方法，不断地探索并开辟新兴前沿方向，这样科研机构的研究能力才能越强，知识的稀缺性限制也就越低。在科研机构运行过程中，具有不同知识积累的科研人员，经过长期的专业化研究与协作，形成了科研机构的专有知识函数。科研机构知识积累的质量、数量和方向不同，使科研机构以不同的方式使用和配置资源，由此形成了科研机构的异质性和学术影响力。

科研机构吸收外部能力的高低代表了其自身的知识获取能力的高低。此外，对于已获取知识的引进、吸收以及对现有科研机构科研体系的融合贯通能力，同样决定了其知识获取及转化的效率。这一过程不仅能够提升科研机构知识资本的存量，还能够进一步挖掘其知识资本创造的潜能。正因为如此，获取外部知识的能力就成为科研机构的重要能力之一，科研机构可以利用此能力获取组织外部知识以提升其创新能力。

Cohen 和 Levinthal 提出，"组织吸收能力包括对组织外部新信息价值的认知识别能力、对有价值的组织外部新信息的理解与消化能力、应用有价值的组织外部新信息于商品化过程的能力等三方面内容"。Zahra 和 George 认为，"吸收能力是组织借助获取、消化、转化及利用知识，产生动态的组织创新潜能，以上四种能力构成了吸收能力，其中知识的识别、消化为潜在能力，知识的转换、运用为实现能力"。

以上分析表明，外部知识通过知识的整合与集成进行转换，并进行内化。科研机构的组织吸收能力则是识别与获取外部知识，并进行吸收的能力。从知识的获取、积累到知识资本的形成是一个时间变量过程。科研机构在搜寻、识别、获取新知识时，总是倾向于在其原有的知识基础的周围搜索有关的知识，也就是说，科研机构知识资本的存量决定了其获取、吸收新知识的演进路径，原有知识结构和知识层次在很大程度上决定了学习的路径依赖性，而不是一个随机的过程。科研机构知识资本存量从无到有、由弱变强，是科研机构根据自身所拥有的知识函数选择一种快捷有效的知识积累方式，有意识地进行推动的结果。在实际操作中，这个过程一般表现为，科研机构将内外部知识资源与自身知识积累不断地进行磨合与调试，试图达到最佳配置，并不断地整合重组其知识体系、突破研究方法与研究成果，进而实现知识创造的螺旋式发展过程。这一过程正是科研机构基于自身知识函数并与外部环境相适应，进而不断地进行知识储备、创造、应用与传播的过程。

当今社会，新知识不断涌现、知识更新速度不断加快，知识资本将成为科研机构最重要的资本，它的积累和流转将成为科研机构发展的基础。如何运用知识的力量、借助知识资本提升竞争力，是科研机构的最紧要工作。因此，科研机构必须要及时有效地吸收外部共享的知识，同时加强对内部原知识的整合和重构。与此同时，更重要的是改善科研方法、科研设备，激活现有的知识存量，发挥自身知识资本的作用，以推动学术影响力的提高，增强其核心竞争力，确保科研机构可以于复杂多变的环境中持续发展。

二 科研机构知识的重构与整合

科研机构肩负着引领科技发展、开展相关科研攻关、为国家发展目标服务等方面的重要使命。科研机构是科技成果的发源地，也是知识的集合体。科研机构的运行程序是投入科研人员、科研团队、科研机构所拥有的各种知识，通过各种知识的融汇、整合、转化等互动行为产生知识的创新，从而集中解决新兴、交叉、综合性的前沿科学问题。要提高对于内部知识与外部知识的利用效率，科研机构需要加强知识的整合方式及运行机制；通过不断地摸索与实践，提升对于知识的获取能力及整合能力；在知识更新和完善上下功夫，不断地提高科研机构的创新活力。

知识整合是一个动态过程，其本质是科研机构对其所拥有的隐性、显性知识进行重新整理，摒弃无用的知识，并与获取的外部知识互动进行重新组合，完成对原有的知识体系的升级、优化或重构。该过程不仅仅是优化配置，更是系统放大，进而实现知识创造的螺旋式发展，形成新的核心知识体系。因此,知识整合是各种知识要素耦合而成的系统整体功能,不是任何一类或几类知识的简单相加,而是各类知识以一定结构方式的有机结合。科研机构在整个生命周期中,需要根据知识的不同形态,选择不同的整合方式,但是不管选择何种方式对知识进行整合,都要经历一系列过程,这一过程使科研机构的知识体系更加柔性、系统化、科学化、制度化,使其形成一种动态发展、不断提高的能力。

科研机构是否可以进行信息的有效收集,以及是否能够在个体、群体、组织及组织间进行知识的有效分享,是决定科研机构知识整合能力的主要因素。科研机构通过不断地对知识体系进行更新、丰富和完善,才能适应新的社会需要,并且,通过新老知识体系的融合,知识也在不断增长。这样的融合过程包括:

首先,对已有知识和新知识的整合。一方面,已有知识是科研机构学习的基础,为学习新知识提供了平台;另一方面,获取新的知识才是科研机构学习的目的。也就是说,之所以重视已有知识,是因为已有知识是学习新知识的前提和基础;而科研机构也只有通过学习新知识,才能不断更新和补充已有知识的内容、不断重构和完善已有知识的结构,同时也可以增加获得已有知识片段结合的可能性,从而更好地运用已有知识。

其次,它们之间互相转换,并在不断的转换过程中不断增长和更替,以此来推进科研机构知识资本的运行。这些显性和隐性知识的相互转换,使科研机构得以不断扩大自身的知识储备,以及提升研究能力。

再次,将个人的知识水平与团队进行融合。科研人员和研究团队具有相同的学术研究目的,为了不断提高自身的科研水平和能力,就会相互督促学习和进步。与此同时,科研人员之间具有相似或相同的见解,可以作为学术共同体间的相互讨论,这样能够保证在同一研究目标指向下,科研人员的研究方向和结论路线保持一致。在此过程中,还需要注意,科研人员也要在知识结构上互补,在交叉学科间互相启发和完善,这样才能不断丰富科研机构的能力并使其结构更为合理。

最后,进行科研机构内外部之间的知识整合与重构。创新发展所需的信息和知识量不断增强,内部产生的知识已远远满足不了发展的需要,因此应将内外部有效结合,形成体系性网络,实现内外共享与联合。由此,对于外部知识的学习也成为所需知识的重要来源。但是,构成科研机构核心竞争力——知识的唯一创造源泉必须来自内部，所以科研机构需要结合内外两种途径进行学习，只有综合考虑、有效平衡这两种学习途径，才能最大化其学习效果。在内外部学习中，将科研机构的知识进行有效整合，以此来提高科研机构的核心科研水平和竞争力，从而更有力地推动科技与经济的融合，用科技的发展推动经济的进步。

第二节　科研机构新知识生产

关于知识生产的论述，马克思在《1844年经济学哲学手稿》中有所涉及，知识生产具有多样性，并受到普遍规律的支配。1996年，经济合作与发展组织（OECD）将知识生产定义为开发并提供新的知识。在人类活动中，各种类型的知识、真理、哲理和资讯信息等不断地被发现、拓展、创新与再复制。该过程说明知识生产的"原料"永不会枯竭，这就使得知识生产从形式、生产主体以及生产目的等方面都具有两方面的特征：多样性和持久性。

按照生产性质的不同，知识生产可以划分为以下几类：（1）创造性知识生产，即单纯地利用现有条件创造出新的知识产品，例如从事软件开发、药品研发等工作都属于原创性知识生产；（2）复制性知识生产，即将现有的成型知识产品直接进行单纯重复复制生产，这种生产的单位主要从事诸如出版印刷、文印服务等行业；（3）个性化知识生产，部分智力服务类公司需要根据不同的客户定制不同的满足其需求的知识类产品，比如翻译公司、咨询公司等。

按照生产目的的不同，知识生产可以划分为两种：（1）面向产品的知识生产，即以产品生产为重点，而与客户无关。此类生产方式是单位根据市场的需求预测情况来进行生产的，由于大多数信息为历史参考信息，因此并不属于定制性生产，只包括原创和复制性生产。（2）面向客户的知识生产，即以客户订单为知识生产的蓝图，它包括了上述三种生产方式。

按照生产主体划分，企业、科研单位、高校等都可以定义为知识生产的主体。企业的知识生产主要关注市场及经济效益，即通过市场交易提供社会需要的、能解决实际问题的知识。高校的知识生产主要关注知识的传播,即通过教育等形式向社会传递基础性及前沿性的知识。科研机构的知识生产弥补了高校和企业在知识生产上的不足,有的放矢地确定课题,把技术的先进性、经济的合理性和实施的可行性结合起来,为社会生产提供新知识,以加速这种知识形态商品的生产和物化过程。

科研机构的知识生产过程,也就是科研人员对知识的广度与深度进行拓展的过程,包括获取知识、积累知识、理解知识、应用知识四个阶段。科研人员从学校或其他专门知识源汲取必要的知识,随着科研工作的运行而逐渐积累新的知识,对自身的知识体系进行扩充和更新时,还要检查与老知识的相容性,加深对知识的理解,维持自身知识体系的整体性,以便对知识加以应用,再通过知识的应用获取新的知识,完成知识的积累、理解和应用的知识生产周期,形成新知识和科研人员的个人知识,所以知识生产的程序是一种类似螺旋线形旋转的过程,如图4.1所示。

该图描述了知识的生产过程,包括知识的获取、积累、理解与应用四个依次递进的环节;说明了知识生产呈现为螺旋式上升的态势。这意味着,知识生产的过程是人们在物质生产中不断发现、创造各种思想、观点、方法、技巧等的过程,它们为物质运动的转化提供条件与能量来源。

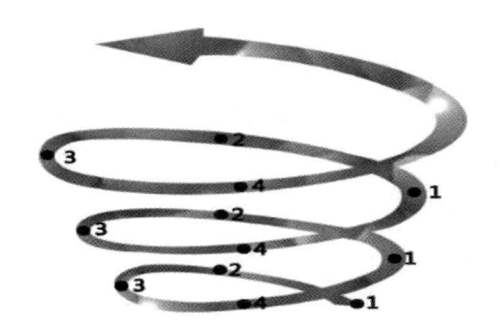

注:1.知识的获取;2.知识的积累;3.知识的理解;4.知识的应用。

图4.1 知识生产过程

从图4.2可以看出,知识的生产要借助一定的物质条件和资料,遵循生产过程的自然规律和社会规律,通过外部知识源和个人知识积累获取并积累新知识,通过对新知识的理解和应用完善知识体系。每次知识的应用是一个生产周期的结束,也是下一个生产周期的开始,与前一个周期相比,代表了更高层次的生产力。作为一个将高科技转化为应用技术的中介

```
外部知识源 ──▶ 知识的获取 ──▶ 知识的积累 ──▶ 知识的理解 ──▶ 知识的应用
外部知识源 ──▶ 知识的获取 ──▶ 知识的积累 ──▶ 知识的理解 ──▶ 知识的应用
外部知识源 ──▶ 知识的获取 ──▶ 知识的积累 ──▶ 知识的理解 ──▶ 知识的应用
```

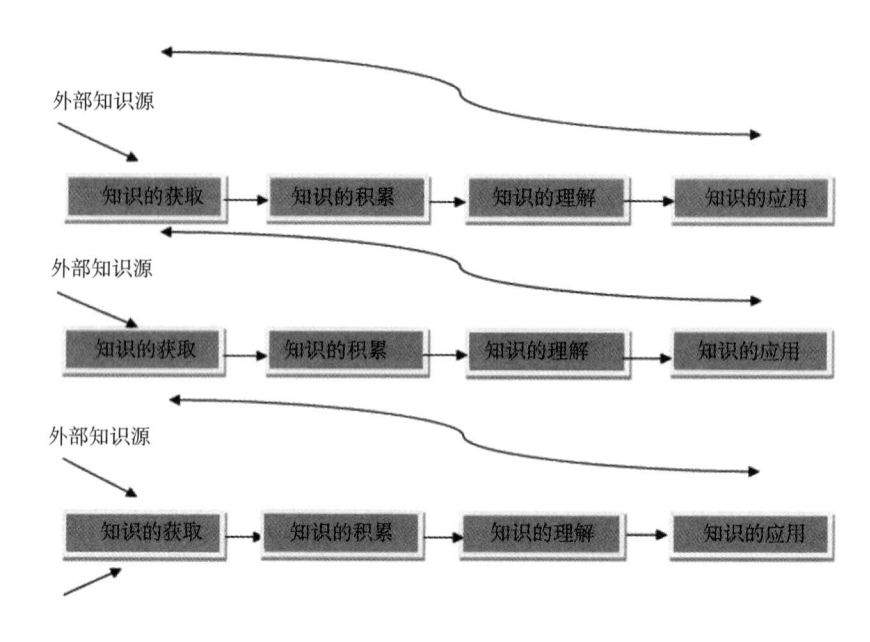

图 4.2　新的知识生产周期表示图

性机构，科研机构研究人员利用一切科技资源，包括科研机构内外部知识资源、人力资源、金融资源等，以满足用户需求为目的，面向知识内容，对知识进行析取、重组、集成、创新，生成能够解决某些问题的个人知识。个人知识包括科研人员个人所掌握的技能、知识储备、科研经验等，这些知识以个人为依托，伴随个体而存在，无法被单纯地转移或复制。通常来讲，个人知识有隐性和显性两种。隐性知识包括智慧、感觉等难以描述的知识；显性知识是指程序、规则等。

科研机构的人力资本是科研机构知识资本中的重要组成部分，是知识资本在个人层次上的载体和实现主体。科研机构的人力资本是指科研人员所拥有的各种专业技能和知识、研究经验、创新能力、思辨能力、分析综合能力等多方面因素的总量。人力资本是一个动态的变量，它随着时间的进展及相关情况的变化而改变。因为有些知识在科研人员个体层次上表现得比较丰富，但是从知识资本角度讲，在个人层面上的杠杆效应最小，它会伴随科研人员的流失，而引起人力资本的大量丧失。另外，一些无法直接转化成人力资本的个人知识，通过知识创新活动的过程一般会创造出知识资产，在此过程中，法律保护的仅是知识产权资本，即在人力资本作用的基础之上，将其转化为物质实体的效益，从而在个人层面上实现知识资本化过程。

第三节 科研机构知识的内部与外部转化

一 科研机构知识的内部转化

在科研机构中，每个研究人员都拥有显性和隐性的知识资源，这些知识资源的分布是分散的，离开了相应的知识整合机制，很难发挥出知识资源的应有价值，因此，团队作为载体，对科研人员知识的整合有非常重要的作用，团队创新能力和知识整合能力成为科研机构重视的重要单元。在科研机构中，科研团队是基本业务单位，团队中的每个成员拥有的知识资源相互融合，共同构成了庞大的知识体系。科研团队借助整体的知识储备和知识经验，对科技资源体系进行有选择的整理、分析和组织，形成比较系统的专项知识，最后成为科研机构的知识。

在科研机构知识资本构架体系中，知识的创造之源泉来自人力资本，而知识存储的载体则要借助于科研团队，科研机构的知识体系只有通过科研团队的整合创新才能够实现知识的应用。团队资本是指科研机构为了开展各项前瞻性和综合性的研究工作，由特定的相关科研人员所组成的、具有强稳定性、高绩效性、管理规范等特征的科研共同体，以整合所有项目研发参与者身上的团队专用的社交能力、团队文化、团队精神，以及在团队中形成的默契和相关的惯例等。团队资本并不是人力资本的简单叠加，而是一种根植于科研机构的知识整合机制，以及各种规章办法、制度规则、科研体系、组织架构和一些非正式关系等共同形成的资本形式，这一形式高于个人的知识资本存在。科研团队是科研机构中最具创造力的组织，只有加强团队组织的建设，才能使团队成员的个人价值得以体现，促使团队知识得以转化为资本，使其价值增值。在此期间，个人人力资本的三个特性的存在——增强性、互补性和渗透性——使得团队人力资本不断完善和壮大。科研机构通过相互信任的高效团队组织将个人人力资本有机地结合在团队中，从而获得了团队协同效应和知识溢出效应。

在人力资本和团队资本的主导作用下，科研团队的知识进行转化，形成了科研机构的知识体系。科研机构的知识体系虽然来自人力资本和团队资本，但又独立于二者之外，体现出科研机构用以促使科研机构开展重大前沿研究、建设创新平台、开展技术专业与服务、培养创新型人才、开展国际科技合作的能力，主要包括科研机构的完善的治理结构、管理模式、资源配置机制、用人制度等。这些资源和制度不会伴随人力资本的流失而流失或减少，反而会在科研机构内部不断地进行固化，并通过不断的激励机制营造环境，以此促使人力资本能够为科研机构的知识资本价值增值提供适宜的环境条件和保障。科研机构的知识体系是知识资本的基础设施，在知识资本的运营过程中，为人力资本与团队资本创造转化条件，与人力资本和团队资本共同作用，从而形成科研机构的科技创新平台。

二 科研机构知识的外部转化

国家科研机构的重要任务之一便是为国家经济社会发展提供相应的知识、技术和人才，这要求国家科研机构重视加强科技创新与市场的联系，促使科研机构知识体系形成现实生产力。从知识转化成生产力，科研机构一般利用技术转移进行推动，将科研成果向流通领域转移，促进科研机构的知识外部化，具体包括以下活动：科技成果的转移与转化、科技项目的研发和技术产品的市场化应用。

首先，在科技项目的研发阶段，科研机构需要集中解决新兴、交叉、综合性的前沿科学问题，一般是通过设立科研团队来探索新技术、新方法和新理论方向等新知识，为新兴技术提供源头。科研团队的构建是以项目研发和工作程序管理为依据的人才选拔过程，团队中既包括项目管理人员，也包括研发人员。在项目研发过程中，科研机构及研发团队需要对项目所需知识进行识别、筛选和析取，如果所需知识超越科研机构的知识体系，那么科研机构将通过相关制度安排（如与企业、高校或科研机构建立战略合作关系等）从外部获取所需新知识，实现科研机构与外界的知识互动与融合。

其次，从科技项目的研发到科技成果的实现、转移和转化。从广义上来讲，科技成果转化是科技实践主体实现的科技成果变化的总和，包括内容与形式两个层面；从狭义上来讲，是将科技成果直接转化为现实生产力，即科技成果的商业化应用。

实验阶段、生产阶段和市场开发阶段是科技成果转化的必经之路。在上述转化过程中，科技成果分别完成了从试验到开发，再到生产并最后推向市场的全过程。知识在不同的需求方、供给方和投资方，以及相应的组织者之间流动着，创新的思维方式逐渐形成，经过外化和内化后，通过实践创造出新的知识。由此可见，科技成果的转化过程说明知识的流动和创新是连续的，它们之间互相连接，知识资本的总量也被不断扩大。

最后，技术产品的市场化应用阶段。科研机构技术市场化的重要内容是：通过承担不同主体委托的研究任务、合作共建研发机构、共建产学研创新联盟等形式为委托人的研发提供技术和咨询服务。因此，对于科研机构来说，项目研发、成果转化、市场应用是科研机构生存的根基，也是科研机构利润的来源之一。"科技成果是知识经济发展的介质，科技成果转化效果是知识经济发展的保证。"

本书认为，要想将静态的科技成果转化为现实生产力，必须通过以下手段来实现：

1. 科技成果权利义务的法律化、制度化

科技成果拥有所有权，与货币资本、人力资本等其他资本一样参与科研机构的管理并分享剩余控制权，必须通过特定的手段来对科技成果的产权进行明确，这种手段主要是法律和制度。科技成果的产权包括对科技成果的所有权、经营权、控制权、收益权以及处置权的规范等，这有助于对科技成果所有者和科研机构其他生产要素所有者利益之间的关系进行分析和解决。

2. 科技成果市场配置机制的建立

科技成果形成市场价值和价格，是由市场的供给和需求共同作用完成的。公正、有序的技术市场配置机制是科技成果价值增值、价值测度的基础，更是对科技成果所有者实施有效激励的先决条件。

3. 科技成果循环过程中的分配内容与方式的制度化、价值化

通过制度限定的手段明确价值分割方式和科技成果收益主体，使科技成果在流动过程中权利与义务对等，实现自身价值的增值和不断复制，让科技成果的价值最终得以实现——这就是科技成果分配的制度化、价值化。

4. 技术要素与其他生产要素配置机制的形成

技术要素与其他生产要素，如人力资本、金融资源等进行有效配置，

是实现科研机构科技成果顺利转化的充分条件。如果科研机构的技术成果离开其他生产要素，就无法实现其流动，那么所谓有效的市场配置和价值增值的目标也就更加无从谈起。

第四节 科研机构知识资本的形成

科研机构通过科研团队的知识生产，进行技术或新工艺的研发、成果的转移、转化及成果的市场化运用，最后在市场化过程中汲取相关的市场知识反作用到科研机构的技术或工艺研发活动中。在这一系统的价值创造活动中，外部知识融入和应用到内部，在科研机构的日常运行中不断沉淀，知识的系统和循环作用因此得以实现。然后，科研人员对生产资料进行创造性的知识劳动，借助于这样的劳动过程，隐性知识被激活转化，再经过复杂的物化过程，配以完善的社会条件、技术条件、市场条件和法律制度条件，才能转化为可以到市场上出售的知识产品或某种服务，转化为特殊的社会生产力，从而完成知识资本增值的过程。

从知识到知识资本的过程是由知识的生产过程到科技成果转化的过程，在知识转变为资本并且进入生产流通领域以后，知识资本就获得了剩余价值，发挥了资本的本来作用。因此，知识资本化中的重要一环是科技成果转化。科技成果转化，从广义上来说，是指科技实践主体以科学知识和技术能力为基础，在科技、经济和社会互动发展活动中，科技成果的内容与形式不断变化的实现过程；从狭义上来说，是指将应用性科技成果直接转化为现实生产力，并在这一过程中形成新产品、新工艺和新的管理技术与方法。

科技成果转化可分小试中试阶段、生产阶段、市场开发阶段。在小试中试阶段，把实验室中的科技成果以进行未来工业化生产为目标进行试验，将成果变成样品，并对其稳定性和可靠性进行试验；生产阶段是将新产品从样品转化为新产品的过程；市场开发阶段是把新产品变成可以出售走向市场的产品，并推动其实现产业化。在成果转化的过程中，通过一系列的试验、开发、制作和生产过程，最终实现市场推广。在这一系列的运行中，成果的提供方、需求方和投资方以及为其实现配套组合的相关组织者之间进行动态变化，知识生产者在相关的创新范式作用下实现知识的内外部转化，最终得到实践的验证和检验，进而生产或创造出更新的、具有竞争力的知识性成果。因此，在科技成果转化的过程中，存在连续的知识流动和创新。

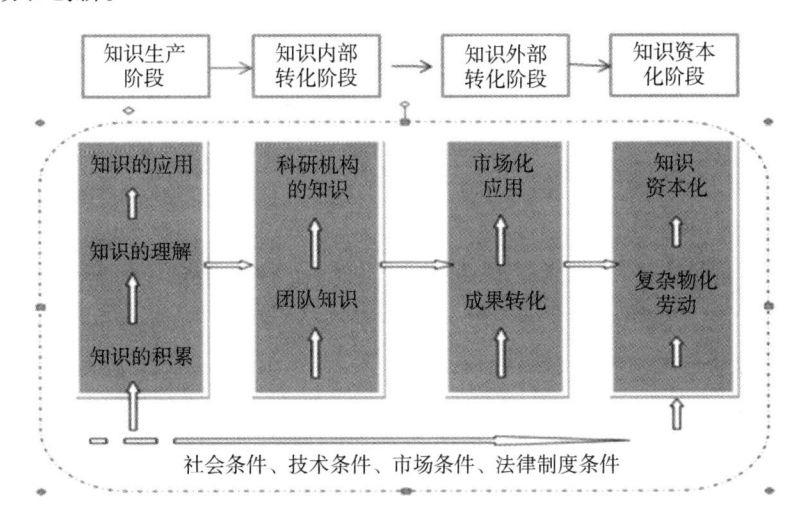

图 4.3　知识资本形成路径

图 4.3 进一步描述了知识资本的形成路径：通过知识生产阶段、知识内部转化阶段、知识外部转化阶段、知识资本化阶段的路径发展并延伸，最终形成知识资本。与此同时，知识资本的形成也需要一定的条件，如完善的社会条件、技术条件、市场条件、法律制度条件等。

科研机构的知识资本一旦形成，其资本化的特征就愈发明显，知识可以以出售为目的去生产，也可以在生产中增值而被消费，知识变成一种资本性资源被投入并被创造价值和剩余价值进而成为新型资本。一个科研机构知识资本量及知识资本化程度体现了这一科研机构知识价值转化的能力，并代表了科研机构的创新活力水平，是科研机构核心竞争力的体现。

知识资本所带来的剩余价值从根本属性上说与传统资本并没有区别，都是科技创新主体发展壮大的基础。知识资本和传统资本同样都具有进行投入和最后产出的周期和过程，按照不同的需求进行裂变、集成及优化组合方式运作后，在利润最大化的前提下提升资本扩张的增值性。知识资本获取剩余价值的分配方式主要表现为股权激励、员工持股、认购股权等。随着知识资本对于价值增值的贡献越来越大，企业及科研机构中知识型员工的数量和比例也会越来越大。他们与普通员工本质的区别是拥有知识资本这一生产资料"剩余价值"的索取权。科研机构具有不同于大学和企业研发机构的组织特性和功能，其知识资本的形成由科研机构的知识生产、知识内部转化、外部转化、知识资本的形成等一系列过程组成。在这一过程中，还需要完善的知识整合机制，才能促进知识资本的形成。

本章小结

本章在知识资本相关理论研究框架下，以科研机构知识资本作为具体研究对象，对其构成、载体、形成机理以及科研机构如何实现知识资本的积累与价值增值等方面进行分析，解析科研机构如何提高知识资本总量的有效途径，并用于推动科技创新实践活动，以增强科研机构的核心竞争力。

科研机构的知识从获取、重构、整合到新知识的产生，再经过内部和外部转化等相关运行路径，最终形成知识资本。在其由知识转化为资本的过程中，实现了价值的增值。科研机构的知识作为一种特定的预付资本，投入劳动过程中所实现的价值额，减去预付资本价值后的价值增值额，即剩余价值，再投入新的劳动（科技创新）过程中，形成创新资本。也就是说，科研机构可以通过消费或者说劳动，创造出大于其劳动力价值的价值，从而产生更多的剩余价值。这正是科研机构形成可持续创新的内生动力所在。

科研机构劳动力的使用价值体现在以知识生产的方式实现知识资本的形成和运行。知识资本的稀缺性决定了知识的获取需要付出时间成本和交易成本。科研机构获取外部知识的能力，是科研机构获得并善用组织外部知识，进而使其具有创新能力的一项关键影响因素。因此，知识资本同其他资本一样，具有稀缺性和高附加值，而且知识的获取、转移、消化、吸收需要消耗一定的时间和资源，因此，知识的获取需要付出一定的成本，包括时间成本和交易成本。知识获取的成本与知识的性质、形态、供给方的传递意愿和能力等有关。科研机构获得知识的动力取决于科研机构对预期收益大小的认识。对于科研机构来说，只有当获取的知识能够带来相对高的收益时，科研机构才可能致力于获取并消化吸收知识，从而获取高额利润。

  科研机构知识生产的过程，也是对其科研人员知识的深度和广度进行拓展的过程。知识生产的程序是一种类似螺旋线形旋转的过程，包括知识的获取、知识的积累、知识的理解和知识的应用四个阶段。科研机构知识资本的内部转化是通过科研机构内部的人力资本这一知识创造源泉扩展到科研团队形成科研团队资本后形成的。科研机构知识资本外部转化则是，通过科技项目的研发、科技成果的转移和转化以及技术产品的市场化应用等科技创新与市场的联系而形成的向现实生产力的转化，并最终通过内外部转化实现科研机构知识资本的运行。

第五章　科研机构知识资本测度模型的构建

科研机构是中国科技创新的主体，是知识资本的生产地和积聚地，对科研机构知识资本进行量化测度，可以为提升科研机构的知识资本积累与转化管理提供指南，可以为政府科研机构管理决策提供依据，可以促成科研机构的知识资源向知识资本的转变，从而将知识转变为力量，有利于培育其核心竞争力，并发挥其在生产经营与科技创新以及服务社会中的重要作用。

第一节　科研机构知识资本测度模型构建依据

一　常用知识资本测度模型

为进一步探索科研机构知识资本的测度与评价，厘清知识资本在科研机构运行发展中的地位与作用，本书参阅并总结了经济学、管理学、财务学方面对人力资本、知识资本及国家知识竞争力评价模型的现有成果，试图挖掘更符合科研机构特点的知识资本测度与评价模型。

目前，对于知识资本的测度与评价模型基本上分为以下几类：第一类是运用知识要素的测度方法表征知识经济的模型，如知识资本的动态价值（the Intellectual Capital Dynamic Value，IC – dVAL）、世界知识竞争力指数（the World Knowledge Competitiveness Index，WKCI）等；第二类是延伸至宏观层面，如国家、区域等的计量模型，这一类模型以企业知识资本理论由 Skandia 导航者模型为基础进行延伸，如国家知识资本导航者模型（Skandia 导航者模型）、城市知识资本基准系统、区域知识资本基准系统等；第三类是知识资本计量模型，主要特征是财务与会计计量，如价值增值知识系数（the Value Added Intellectual Coefficient，VAIC）等，本书分析、总结了相关知识资本的测度模型的适用范围和特色，试图寻找并总结出更为符合科研机构特点的知识资本测度与评价模型。

1. 世界知识竞争力指数（WKCI）

世界知识竞争力指数（WKCI）是经济合作与发展组织（OECD）于1996年首次提出"以知识为经济的基础"概念后，进一步研究其表征和意义的结果。在研究中，以知识经济领先地区、城市或以城市为中心的区域作为主要研究对象。

英国《世界知识竞争力指数2002》研究报告在全球范围内共选取了90个"世界知识经济领先地区"进行排序。《世界知识竞争力指数2003》报告中已将城市地区的数量发展到125个。

表5.1　　　　　　　　WKCI评价指标体系

一级指标	二级指标	解释
人力资源要素	经济活力系数 每千名居民之中经理人员数量 每千名居民中从事信息技术和电脑制造业的就业人数 每千名居民中从事生物和化学行业的就业人数 每千名居民中从事自动化与机械工程行业的就业人数 每千名居民中从事仪器与电力机械行业的就业人数 每千名居民中从事高技术服务业的就业人数	投入
金融资本要素	人均私人股本投资	投入
知识资本要素	政府对R&D的人均投入 投入企业对R&D的人均投入 每百万居民的专利注册数	投入
地区经济产出体系	劳动生产率 平均月收益率 失业率	产出
知识可持续发展能力体系	初、中等教育的人均公共支出 投入大学教育的人均公共支出 每百万居民拥有的安全服务器数量 每千名居民的互联网主机数 每千名居民的宽带接入数	投入

WKCI 研究报告（2002—2003 年）梳理了其评价指标体系，包括 4 大体系，共 17 个指标。2004 年和 2005 年的报告在原有基础上增加了 1 个体系和 2 个指标。这五大体系是：1. 人力资源要素，包括经济活力系数、每千名居民中从事高技术服务业的就业人数等 7 个指标；2. 金融资本要素，包括人均私人股本投资 1 个指标；3. 知识资本要素体系，包括政府、企业的 R&D 人均投入、每百万居民的专利注册数 3 个指标；4. 地区经济产出体系，包括平均月收益、劳动生产率、失业率 3 个指标；5. 知识可持续发展能力体系，包括互联网主机数、宽带接入数、教育的人均公共支出、公众拥有的安全服务器数量等 5 个指标（见表 5.1）。

2. 知识资本的动态价值（IC – dVAL）

Ahmed Bounfour（2003）提出知识资本的动态价值模型（IC – dVAL），包括 4 个维度，即资源（resource）维度、流程（process）维度、产出（output）维度和资产（intangible assets）维度。资源维度主要测度涉及经济、企业资源的因素，如设施、专利等；流程维度主要测度涉及价值流程的因素，如通信过程等；产出维度主要测度涉及产出和绩效的因素；资产维度的竞争优势通常要以无形资产为基础建立，对知识资本的价值评估必须对资产的财务价值与企业的内在表现之间的联系进行考察，因此，必须要将资源、流程、产出、资产 4 个维度结合起来（见图 5.1）。

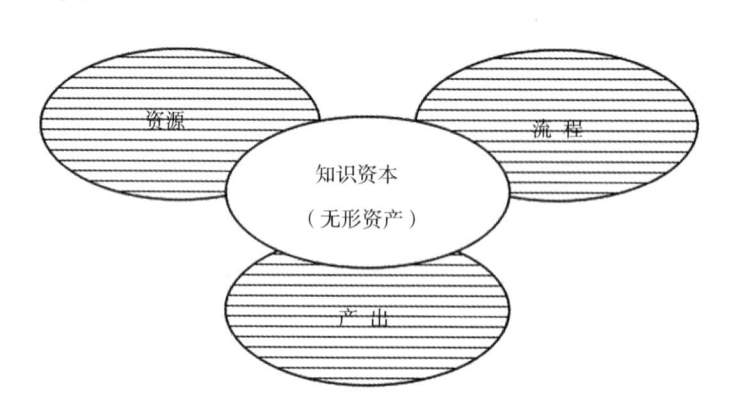

图 5.1　IC – dVAL 方法的四维框架

在欧洲的企业和组织中，IC – dVAL 方法已经得到广泛应用。在此基础上，2003 年 Bounfour 将该方法推广至中/宏观经济层面，从原有的 4 个维度对指标体系进行了重新构建，新的度量指数详见表 5.2。与原有指标体系相比，该指标体系更适用于宏观层面，包括宏观数据的收集、统计、分析等。运用 IC – dVAL 方法能够实现静态层面和动态层面的综合评价：静态层面评价的是知识资本的业绩表现，动态层面则包括知识资本指数的评估、宏观层面（地区或国家）知识资本的趋势观测等。

表 5.2　　　　　　　　知识资本的动态价值指标体系

初级指标	次级指标	
资源指数	公共研发支出/GDP 企业研发支出/GDP 风险资本/GDP 新增资本/GDP	
流程指数	中小型企业内部创新百分比 中小型企业合作创新百分比 家庭互联网连接百分比 信息通信技术产业市场份额/GDP 高科技附加值百分比 长期劳动生产力的增长	
产出指数	创新出口/总销售额 失业率 新上市产品百分比 人均国内生产总值 实际 GDP 的增长	
资产指数	结构资本指数 人力资本指数	科学出版物数量（每百万人） 专利数量/人口总数（地区） 高等教育人口比例 终身学习

3. 国家知识资本导航者模型（Skandia 导航者模型）

Edvinsson 和 Malone（1997）设计了知识资本导航者模型，该模型提供了均衡的描述，实现了在财务资产与知识资产之间进行整体均衡；其中有 5 个资本维度与知识资本密切相关，十分重要，即人力、更新、客户、流程和发展资本（见图 5.2）。

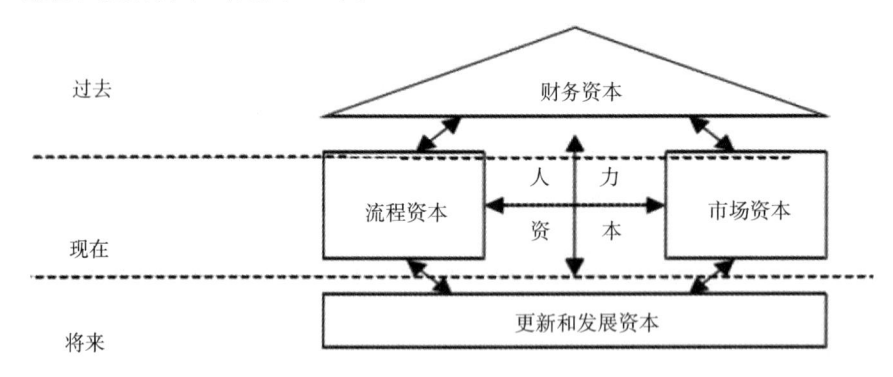

图 5.2　知识资本导航系统

Bontis（2002）通过知识资本导航者模型来对知识资本发展过程进行解释和跟踪，主要研究客体是以国家为主体。这个系统框架由 5 个价值创造领域组成，包括金融、人力、市场、更新和流程资本，每个资本领域独特地聚焦于一个方面。不同的是，相关概念由企业层面转换到了国家层面，如市场价值转换为国家财富、财务资本转换为金融资本、客户资本转换为市场资本、创新资本转换为更新资本等。

在国家层面上，不同的资本领域度量指标也进行了转换，金融资本通常使用的度量指标是"单位投入的经济增加值"；人力资本衡量的能力主要是知识、教育等区域目标；市场资本是指以国家为单位的关系资本，是以国家作为研究客体，比较各个国家间的投资竞争力和吸引力；更新资本是指将来一段时期国家的知识财富，比如用于更新的投资量、维持竞争力的能力等；流程资本是指能够推动人力资本价值实现的因素，比如实验室、软件配置、组织结构等（见图 5.3）。

国家知识资本导航者模型（国家知识资本指数为 NICI）可以对国家知识资本结构进行描述，在此之上还可以用来建立统计数据系统。主要由 4 部分组成，即国家人力资本指数（NHCI）、国家市场资本指数

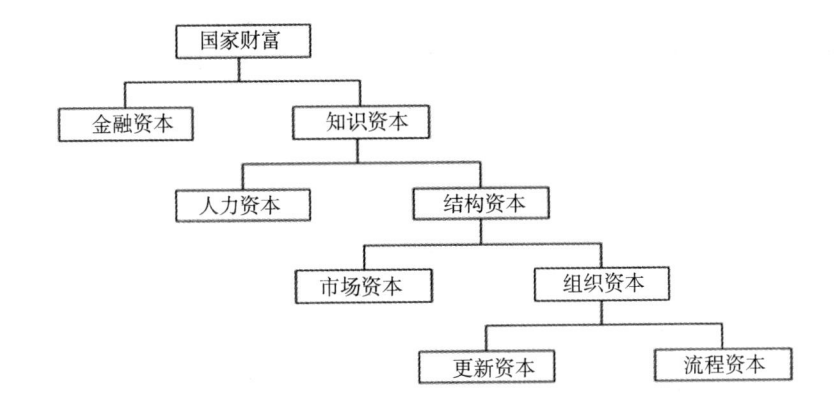

第五章 科研机构知识资本测度模型的构建　　73

图 5.3　国家知识资本体系

（NMCI）、国家更新资本指数（NRCI）、国家流程资本指数（NPCI），这四个维度的指数共同构建了国家知识资本指数。总的国家知识资本指数（NICI）是对这 4 个维度指数的综合，通过对国家知识资本的次级指数的计算，最终得出国家知识资本指数（NICI）（见表 5.3）。

表 5.3　　　　　　　　　　国家知识资本指数模型

次级指数	指标简称	指标释义
国家人力资本指数（NHCI）	H1	识字人口所占比率
	H2	人均所占大专院校数目的相对上限值
	H3	具有资格认证的小学教师所占百分比
	H4	人均大专院校（或以上）学生数目的相对上限值
	H5	人均累计大专毕业生的相对上限值
	H6	大专院校一年级净进人数中男生所占比例
	H7	大专院校一年级净进人数中女生所占比例
国家市场资本指数（NMCI）	M1	高新技术产品出口额占 GDP 比例的相对上限值
	M2	人均专利（美国专利商标局授予）数目的相对上限值
	M3	人均主持会议数目的相对上限值

续表

次级指数	指标简称	指标释义
国家更新资本指数（NRCI）	R1	进口书籍的支出占 GDP 比例的相对上限值
	R2	进口期刊的支出占 GDP 比例的相对上限值
	R3	所有研发支出占 GDP 比例的相对上限值
	R4	人均研发部门工作人员数目的相对上限值
	R5	人均高校从事研发工作人员数目的相对上限值
	R6	高等教育支出占公共教育经费的比例
国家流程资本指数（NPCI）	P1	人均电话主干线的相对上限值
	P2	人均个人电脑数目的相对上限值
	P3	人均互联网主机的相对上限值
	P4	人均互联网用户的相对上限值
	P5	人均手机数目的相对上限值
	P6	人均无线电接收机的相对上限值
	P7	人均电视机数目的相对上限值
	P8	人均报纸发行量的相对上限值

4. 城市知识资本基准系统（CICBS）

城市知识资本基准系统（CICBS）是用来度量和管理城市知识资本的新的模型。该模型的主要思想是：将城市的宏观目标细分为各个子目标，再在此基础之上构建指标体系。该指标体系的作用在于探测知识资本在实际生产、产品及服务中的存量，并能借以反映知识资本的使用现状和管理现状。其应用一般采用城市通用知识资本模型（CGICM）和城市特有知识资本模型（CSICM）两种方法。

城市通用知识资本模型（CGICM）主要包括 5 个方面的经济活动，分别是愿景、核心活动、核心竞争力、指标、知识资本。其中，知识资本涵盖了三个维度，分别是市场、财务和人力资本。城市通用知识资本模型可将整个流程中的不同项目与参照模型（世界上最好城市）进行基准比较，从系统性和重复性的角度对相应项目进行对照（见图5.4）。

城市特有知识资本模型（CSICM）的基础是知识资本基准系统，主要包括 7 个方面的经济活动,分别是:愿景、细分需求、产出、产品和服务、流程、核心竞争力及专业核心竞争力。该模型也是通过进行基准比较的方式呈现,对照对象是在某一个微观簇群与相应的竞争城市中最好的微观簇群之间进行(见图 5.5)。

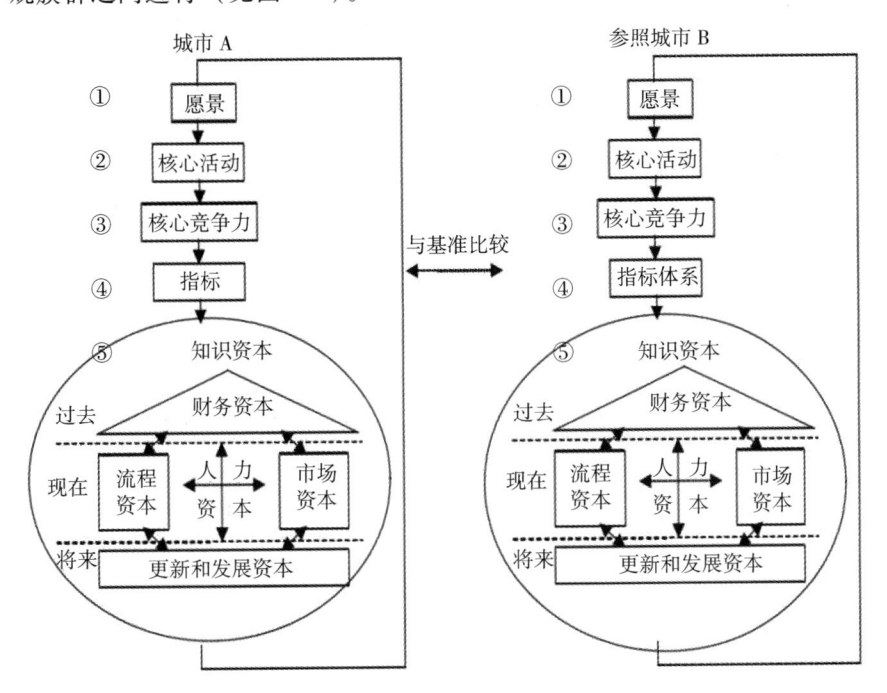

图 5.4 城市通用知识资本模型

5. 区域知识资本基准系统(RICBS)

区域知识资本基准系统(RICBS: Region's Intellectual Capital Benchmarking System)(2005)从区域层面分析城市知识资本基准系统,搭建了新的区域知识资本的战略管理架构(Viedma,2005)。该体系的理论支撑共有三个方面:(1)区域经济的创新能力是将政府、科研机构、企业作为一个整体,综合考虑其之间的相互作用;(2)网络成为经济体创新能力的关键特征;(3)关于经济发展的区域维度的内容包括产业集群、政策环境,以及系统内的共有准则等。因此,该系统主要包括区域竞争力的知识资本平台(RCICP)、微观集群竞争力的知识资本框架(MCICF)以及它们之间的联系。RCICP 在该系统中为无形资产的集合,可由人力资本包括能力、价值观等一系列指标进行表征(见图 5.6)。

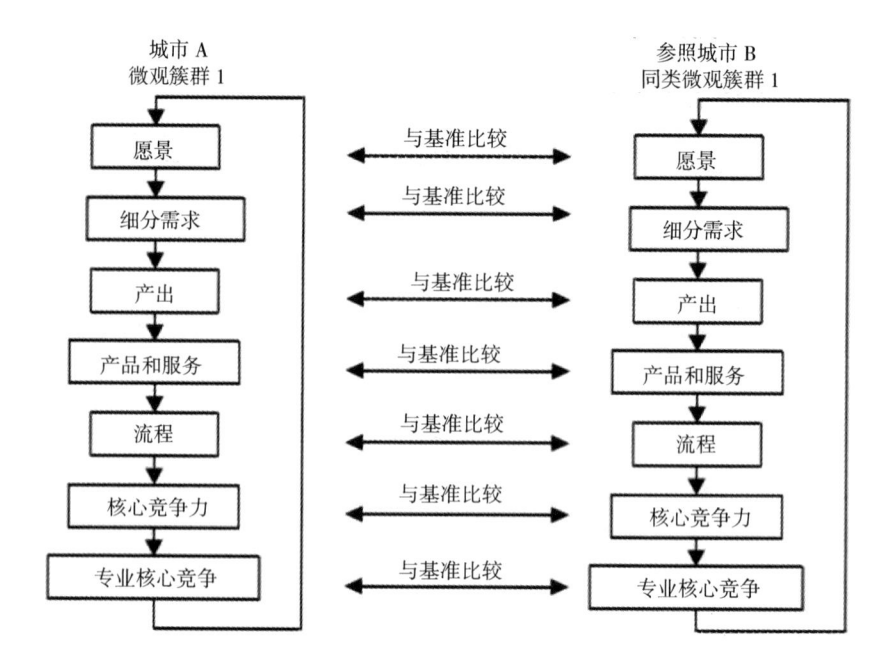

图 5.5　城市特有知识资本模型

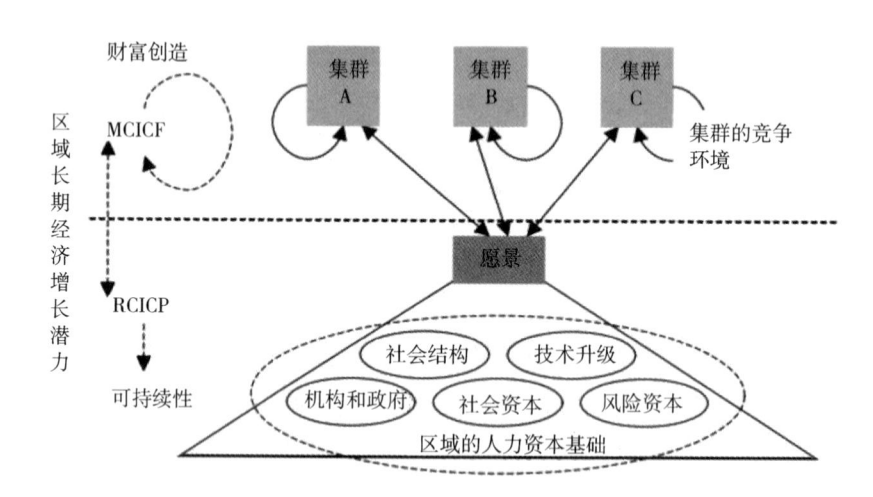

图 5.6　区域知识资本基准系统结构及主要元素

6. 价值增值知识系数 (VAIC)

Ante Pulic (1998, 2004) 提出价值增值知识系数 VAIC (Value Added Intellectual Coefficient)，该模型从价值创造效率的视角切入，测度企业、区域、国家的价值和业绩，并尽可能以客观的方式进行比较和预测，挖掘资源创造价值的潜力。在知识经济时代，知识型员工是企业更需关注的创造价值的关键因素。因此，企业各种资源（包括人力资本、结构资本、实物资本和财务资本等）对价值增值的贡献可以用 VAIC 模型来测量（见图 5.7）。

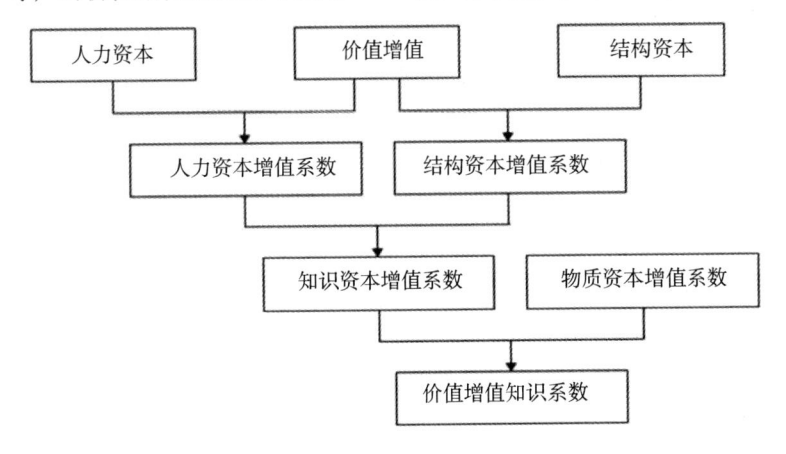

图 5.7 价值增值知识系数模型

其中，人力资本通常用企业所有员工的工资来计量。如果一个企业具有较高的价值增值知识系数，表明该企业所具备的资源的价值创造能力较高。

目前 VAIC 模型广泛应用于企业的各个研究领域，除了该模型比较简单、易于使用以外，更主要的原因在于 VAIC 模型提供了一个测量知识资本的标准化的方法，指标简单，收集数据容易，因这些数据都经过审查，像上市公司年报里的数据，经过研究计算的结果相对客观、可证实。

二 各模型的比较与分析

从前面的论述可以看出，各类模型都有各自不同的侧重点，有些企业在管理中考量了知识资本，有的是计算知识资本时考虑了知识存量，还有些从财务与会计角度反映知识资本的价值，这些测量与评价模型有的早已应用，有的则是在近几年才被学者提出来，以上各种方法各具侧重点和特色，但也有各自的适用范围和局限性。

有些模型从会计角度反映知识资本的财务价值，更易与财务报表对接，这类方法对同行业知识资本之间的比较具有一定的参考价值。但是该方法存在局限性。首先，一切东西都试图以货币度量，不易操作，也容易出现偏差；其次，该类方法在计算时对假设的利率非常敏感，同时在确定各类资本的预期收益率时困难较大，进而对计量结果的可信度影响较大；最后，该类方法可使用的层次有限，委员会层次以下的各部门不好测度，仅用于组织层次，有的指标对非营利型组织和公共组织不太适用。

有些模型注重知识资本的构成或对无形资产的识别，进而评估其真正的价值。这类模型可用到组织的各层次的结构，比财务计量更综合。其测度和报告是因为不需要严格的会计指标，比财务测度更快更准。因此，在科研机构等非营利型组织和公共组织中非常有用。但同样该类方法也存在一定的不足：首先，各个指标间的前后关系不易确定；其次，该类方法必须对每一个组织定制化，这样使得各组织间的比较非常困难；最后，该类方法可能会产生大量的指标和数据，加大了分析和交流的难度。

科研机构知识资本的结构形式是多维和立体的，同时，也是一个动态变化的过程。知识的增长呈双螺旋结构，与此同时，科研机构知识资本的形成路径有其自身的特点，由此，对于科研机构知识资本的测度要采用动态、多面的测度方式，对诸如科研投入和产出等各类要素进行更为全面的分析和考察。考虑到科研机构的知识资本的特点，本书认为，科研机构知识资本的价值应该是质和量的结合，即从定量和定性两个方面进行评估，其中定量标准可细分为定量客观标准和定量主观标准，前者主要以各类财务指标构成；后者要考量研发投入率、许可收入、技术附加值、研发技术水平等综合因素。定性主观标准主要是根据知识资本的间接价值设定的一些判断性指标，这些指标不是常规的量化衡量单位，而是一些定性类模糊指标。此外，由于协同效应可正可负，可采用矢量方法提供一些方向性的信息，综合以上考量，本书试图建立公益类科研机构知识资本的测度模型。

三 本书采用的测度模型构建依据

科研机构的创新能力体现在将其知识资本要素转化为最终价值的能力，也就是把凝聚起来的科研资源在实现科研机构发展目标的过程中得到有效利用，这种能力也就是科研机构所拥有的核心竞争力。在培育一个组织的核心竞争力的过程中，应更加强调对知识资本的评估和管理，并有意识地对组织发展有利的知识进行识别与增强。这对于提高机构创新能力和核心竞争力具有重要的指导意义。

本书在初步构建了知识资本的理论研究框架之下，结合科研机构的自身特点，分析了科研机构知识资本的构成、运行机理以及知识资本的形成过程。科研机构具有丰富的高素质人才，他们拥有的知识就是其经营的一大优势。科研机构从知识资本角度，静态上表现为其高水平科研人员、合理的人员结构配置，较多的交流、培训活动，科技产出数量、质量等多个方面；动态上表现为其通过合理完善管理能力作用于科研全流程管理，不断促进科研机构知识资本的提高，通过合作共赢提升人员素质和水平，以及某些专门知识，从而在专门知识方面优化和在经营方面形成优势互补，再运用资本运营使得资本运行更加有效，以促进知识和技术上的创新，以迅速实现商业化。

科研院所中人才资本是它们得以创新发展的核心要素，是一个科研机构知识资本的现实表现和未来知识资本的源泉。技术资本是科研机构可持续发展的驱动力，管理资本是保证科研机构有序、高效运行的重要因素，管理资本关系着科研机构未来的发展方向，而关系资本则是科研机构发展的外延性因素，因此科研机构知识资本的测度模型是在充分考虑科研机构构成要素之间的关系，在分析现有知识资本测度模型的基础上，结合科研机构的自身特点，经过实地调研、专家咨询等多方面综合考量后，建立起的科研机构的测度模型和量化指标体系。

第二节 科研机构知识资本测度的原则及影响因子

一 科研机构知识资本测度构建的原则

在当前知识经济社会的大背景下，知识资本是一种新型资本形态，为社会创造了大量的剩余价值，在测度其价值大小时，应当遵循以下基本原则：

1. 预见原则

知识资本测度不仅仅需要评估历史，更应当关注未来，因此，知识资本的潜在经济价值应当在知识资本化过程中被充分重视，对知识资本的测度应包括知识资本的实际收益和预期收益。

2. 全面性原则

从科研知识资本构成分析着手，以求全方位地覆盖科研机构的知识资本各因子。

3. 权重原则

知识资本的测度涉及人力、管理、组织、技术等多个方面，其评价指标对个人和组织绩效的贡献程度并不一致，因此，在对知识资本价值进行科学评价时应当考虑其不同指标的权重，即每项评价指标权重的大小均与其主体类型以及贡献度等因素有关。

4. 系统性和层次性相统一的原则

知识资本测度的系统结构由4个要素构成，十分复杂并表现出很强的系统性，这一特性应充分反映在测度指标体系设置中。本书将科研机构知识资本分解为四大要素，即人力资本、技术资本、管理资本和关系资本，每个要素下对应5—9个指标。考虑到该指标体系的可操作性和实用性，尽可能地减少测度的繁复性、避免测度误差等实际问题，本书构建的指标体系只包括两层结构。

5. 可操作性原则

在满足以上要求的同时，符合科研机构自身的特点，尽量做到应用简便快捷，具有较强的实用性和应用性。

二 科研机构知识资本测度的影响因子

由于科研机构知识资本具有特殊性，对其进行客观、科学的评估，需要进一步研究各种可变因子对知识资本测度准确性的影响。主要包括：

1. 绩效因子

大部分科研机构知识资本的价值需要经过转化，并在其使用过程之中或之后才能完全确定价值大小，这就意味着，影响知识资本使用绩效的因素包括科研机构的绩效和相关企业的绩效。因此，需要全面考虑知识资本与科研机构、有关企业的绩效之间的关系，以准确测度知识资本的价值。

2. 环境因子

环境因素是影响科研机构知识资本价值发挥的重要因子，诸如文化氛围、政策环境等会直接影响研究人员的科研热情、创造能力、工作积极性等。因此，在对知识资本价值体系进行测度时，必须充分考虑环境因子的影响。

3. 构成因子

在测度知识资本价值体系时，不同的知识资本价值构成范围会影响测度的结果。不同构成的知识资本的价值存量是不断变化的，也就是说，知识资本具有可积累性，所以在知识资本测度时需考虑其构成的影响。

4. 时效因子

科研机构知识资本除了本身所具有的价值外，还存在使用期限价值。通常其使用期限越长，其价值越大；反之其价值越小。因此，对知识资本测度需考虑时效因子。

第三节 科研机构知识资本测度指标体系的建立

一 测度模型构建

本书根据研究目标与研究内容，从科研机构知识资本的整体考虑，总结已有的知识资本测度模型，建立更为符合科研机构知识资本特点的测度与评价模型，力求更好地对科技成果、资本、人才、信息、市场等要素进行测度，探索更合理的优化组合方式，以便进一步增强科研机构的创新能力，提升科技对经济的贡献率，加快科技成果的转移、转化速度，促进科研机构的知识资源向知识资本的转变，增强核心竞争力，并发挥其在生产经营、科技创新以及社会服务中的重要作用。

对于科研机构而言，其市场价值很难确定，因此通过分析其知识资本的构成，并采用逐项评估的方法，从人力资本、技术资本、管理资本和关系资本的角度，构建科研机构知识资本的评估指标体系，建立测度模型，对各构成要素及其之间的关系进行综合分析与评价，对进一步剖析科研机构的知识资本状况，提高知识资本总量，增强核心竞争力具有重要的理论和实践意义。

本部分在第三章分析的基础上，建立科研机构知识资本测度的四要素模型（见图5.8），把科研机构的知识资本分为人力资本、技术资本、管理资本和关系资本四要素，在此模型下对科研机构知识资本进行测度。

二 指标体系构建

对科研机构知识资本的测度是对科研机构知识资本进行量化分析。科

```
                    科研机构知识资本
                    ↓      ↓      ↓      ↓
                 人力资本  技术资本  管理资本  关系资本
```

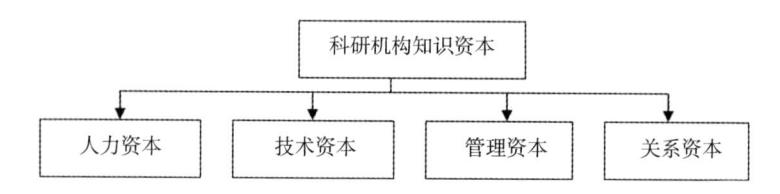

图 5.8　知识资本测度的四要素模型

研机构的知识资本形成与运营具有复杂多样性，其科研产出的层次、类型、方式也多种多样，同时科研成果的转化途径和方式也具有自身的特点，因而在对科研机构的知识资本测度时，通常会选择与知识资本产生以及知识资本积累、转化密切相关的因子来测度。

该指标体系的目的是评估一个科研机构的知识资本总量，本书中科研机构的知识资本由人力资本、技术资本、管理资本和关系资本四部分组成。根据上述指标体系设计原则、影响因子以及知识资本测度的模型分析，力求更为全面地反映科研机构知识资本各构成要素之间的状况和相互影响因素，促进其协调发展，用以进一步提高科研机构的知识资本总量。本书尝试性地建立了科研机构知识资本的测度指标体系，各指标采用相对比重及模糊评估进行测定（见表 5.4）。

表 5.4　　　　　　科研机构知识资本测度指标体系

一级指标	二级指标	指标释义
H：人力资本	H1：管理人员比例	管理人员人数与总职工人数的比值
	H2：员工整体素质	大学本科以上人数与总职工人数的比值
	H3：高学历职工比例	获得博士学位人数与总职工人数的比值
	H4：高职称人员比例	高级职称人数与总职工人数的比值
	H5：专业技能程度	专业技术人数与总职工人数的比值
	H6：职工培训比率	每年参加培训的职工人数与总职工人数的比值
	H7：职工创新能力	每年取得科研成果（论文、奖励、专著等）的职工人数与总职工人数的比值
	H8：职务测评比例	每年参加职务测评人员总数与总职工人数的比值
	H9：职工保有率	总职工人数减去辞职人数加上年度新聘人数后与总职工人数的比值

续表

一级指标	二级指标	指标释义
T：技术资本	T1：科研专项经费	每年财政专项经费与技工贸总收入的比值
	T2：科研项目收入情况	科研项目收入与技工贸收入总额的比值
	T3：科研投入与产出比	科研成果产出与科研总投入的比值
	T4：专利授权	新增专利授权数量与最高值的比值
	T5：论文发表	发表论文数量与最高值的比值
	T6：专著发表	出版著作数量与最高值的比值
	T7：科研奖项	获得科研奖项数量与最高值的比值
	T8：软件著作权	获得的软件著作权数量与最高值的比值
	T9：制定标准	制定的标准数量与最高值的比值
M：管理资本	M1：规章制度完善性	是否具有完善的科研管理制度、财务管理制度、人事管理制度、绩效考核制度以及制度落实情况
	M2：组织架构合理性	包括组织设置情况、组织分工情况、组织协调情况、组织层级关系情况
	M3：信息技术先进性	是否具有完善合理的信息管理系统及信息技术支持系统
	M4：战略发展超前性	是否具有明确的、符合单位实际情况且可以操作的发展定位和中长期发展思路
	M5：内部文化整合性	是否建立良性的组织文化体系，是否具有较强的文化沟通协调性以及明确的核心价值观
R：关系资本	R1：官方网站的点击率	是否具有较强的网站关注度
	R2：利益相关者的满意度	吸引有关竞争性项目及企业投入类项目的能力
	R3：利益相关者的忠诚度	是否具有较高的同类项目衔接和持续能力以及项目完成情况和成果转化率
	R4：综合社会影响力	举办学术会议或技术展会和科研条件的开放共享情况
	R5：国际化合作交流程度	国际项目的合作情况以及参加国际会议和人才培训情况

科研机构人力资本是科研机构保持创新活力的核心，它包括研究者的个人创新能力、掌握的知识与技能、研究经验等方面，是所有以人为基础所构成的资本的集合，涉及组织的价值、文化、哲学等内涵以及组织内部管理阶层和所有职工个体所具备的专业知识、技能和经验等，此外还包括组织的创造力和创新力。本书对科研机构人力资本的测度主要采用了管理人员比例、员工整体素质、高学历职工比例、高职称人员比例、专业技能程度、职工培训比率、职工创新能力、职务测评比例以及职工保有率这九项指标来反映。

科研机构对人力资本的管理应该注重职工的知识管理，包括知识基础的维持、鼓励、改革，促进职工将隐性知识转化为显性知识，特别是科研机构，作为人力资本中智力资本的聚集地，可以认为人力资本是科研机构知识资本中的第一要务，对其进行系统化建设和科学化管理是推动科研机构全面发展的关键。因此，人力资本被认为是产生其他知识资本的基础。

科研机构的技术资本主要是指科研机构的科研和创新能力，这一点关键取决于科研机构的研发投入以及科技产出，而管理资本则体现在科研机构的组织结构、制度规范、文化及业务流程等方面。一"硬"一"软"两部分共同构成了科研机构的组织资本，其不会随着科研人员的流动而流动，归科研机构所有，这一点是与人力资本最大的区别。

而科研机构的关系资本主要是指科研机构对外关系的建立、维护与开发，关系着科研机构与政府部门、投资者、合作伙伴等利益相关者对科研机构的看法，关系着人才、经费等输入，关系着科研机构的品牌和声誉，关系着科研机构的经营绩效等，因此科研机构的关系资本是推进科研机构创新发展的动力。

三 指标权重确定

1. 权重确定方法

综合评价指标体系内的各因素之间的关系包括两个方面：质和量。比如本书构建的分级模型说明了体系内各因素间质的关系；各因素间量的关系可以由权重进行反映。对实际问题选定被综合的指标后，又可通过多种方法来确定指标的权重。如专家打分法（又称"德尔菲法"）、调查统计法、序列综合法、两两比较法等。本书综合采取了专家打分法和两两比较法，确定指标体系中各因素的权重。

（1）构造判断矩阵

在确定各层次各指标之间的权重时，不是把所有的指标都放在一起进行比较，而是两两进行相互比较，同时采用相对尺度，以此来提高准确度。判断矩阵是对本层的所有指标之间相对重要性的一种比较。

其元素 aij 用 Santy 的 1—9 标度方法通过问卷调查法由专家给出（见表5.5）。

$$A = \begin{Bmatrix} a_{11} & a_{12} & \cdots & a_{1n} \\ a_{21} & a_{22} & \cdots & a_{2n} \\ \cdots & \cdots & \cdots & \cdots \\ a_{n1} & a_{n2} & \cdots & a_{nn} \end{Bmatrix} \quad 其中：a_{ii}=1，a_{ij}=1/a_{ji}$$

表5.5　　　　　　　　层次分析法1—9比例标度

标度	含义
1	表示两个因素相比，具有同样重要性
3	表示两个因素相比，一个因素比另一个因素稍微重要
5	表示两个因素相比，一个因素比另一个因素明显重要
7	表示两个因素相比，一个因素比另一个因素强烈重要
9	表示两个因素相比，一个因素比另一个因素极端重要
2、4、6、8	上述两相邻判断的中值
倒数	因素 i 与 j 比较的判断 a_{ji}，因素 j 与 i 比较的判断 $a_{ji}=1/a_{ij}$

（2）计算单排序权向量并做一致性检验

对每个成对的比较矩阵进行测算，并得到其最大值和对应的特征向量，然后用随机一致性指标、一致性指标、一致性比率三个参数进行一致性检验。

$$F = \begin{Bmatrix} a_{11} & a_{12} & \cdots & a_{1n} \\ a_{21} & a_{22} & \cdots & a_{2n} \\ \cdots & \cdots & \cdots & \cdots \\ a_{n1} & a_{n2} & \cdots & a_{nn} \end{Bmatrix}$$

$$CI = \frac{\lambda - n}{n - 1} \qquad ①$$

$$CR = \frac{CI}{RI} \qquad ②$$

其中，CI 为一致性指标；λ 为最大特征根；RI 为随机一致性指标（查表可得）；CR 为一致性比率。一般情况下，当 $CR < 0.1$ 时，认为 F 的不一致程度在容许范围内，即通过一致性检验。

（3）计算总排序权向量并做一致性检验

计算最下层对最上层总排序的权向量。

利用总排序一致性比率

$$CR = \frac{a_1 CI_1 + a_2 CI_2 + \cdots + a_n CI_n}{a_1 RI_1 + a_2 RI_2 + \cdots + a_n RI_n} \qquad ③$$

当 $CR < 0.1$ 时，说明该参数的一致性检验是合格的；如不通过，则需要重新考虑模型或重新按照一致性比率 CR 较大的成对比较矩阵构建模型。

2. 科研机构知识资本权重确定

首先按照重要程度作一简单排序：人力资本、技术资本、管理资本、关系资本。采用问卷调查法，请专家对这 4 个系统进行两两比较，构造出反映其重要程度的判断矩阵。

$$F = \begin{Bmatrix} 1 & 2 & 3 & 3 \\ \frac{1}{2} & 1 & 2 & 2 \\ \frac{1}{3} & \frac{1}{2} & 1 & 1 \\ \frac{1}{3} & \frac{1}{2} & 1 & 1 \end{Bmatrix}$$

求 F 中各行的几何平均值，可得一列向量：

$(2.0597 \quad 1.1892 \quad 0.6389 \quad 0.6389)$，其中，$2.0597 = \sqrt[4]{1 \times 2 \times 3 \times 3}$，以此类推。

归一化处理：将列向量中每一数值分别除以总和数，即为指标权数向量：

$(0.4550 \quad 0.2627 \quad 0.1411 \quad 0.1411)$，其分别对应人力资本、技术资

本、管理资本、关系资本 4 个系统的权重。

一致性检验：

$$\text{计算可信度} RW, RW = \begin{Bmatrix} 1 & 2 & 3 & 3 \\ \frac{1}{2} & 1 & 2 & 2 \\ \frac{1}{3} & \frac{1}{2} & 1 & 1 \\ \frac{1}{3} & \frac{1}{2} & 1 & 1 \end{Bmatrix} \begin{Bmatrix} 0.4550 \\ 0.2627 \\ 0.1411 \\ 0.1411 \end{Bmatrix} = \begin{Bmatrix} 1.8450 \\ 1.0546 \\ 0.5712 \\ 0.5712 \end{Bmatrix}$$

则最大特征根 λ、一致性指标 CI 分别为

$$\lambda = \frac{1}{n} \sum_{i=1}^{n} \frac{(RW)_i}{w_i} = \frac{1}{4} \left(\frac{1.8450}{0.4550} + \frac{1.0546}{0.2627} + \frac{0.5712}{0.1411} + \frac{0.5712}{0.1411} \right) = 4.0414,$$

$$CI = \frac{(\lambda - n)}{(n-1)} = \frac{(4.0414 - 4)}{(4-1)} = 0.0138,$$

查表可得随机一致性指标 $RI = 0.9$，则一致性比率 CR 为

$$CR = \frac{CI}{RI} = \frac{0.0138}{0.9} = 0.0153 < 0.1,$$

说明判断矩阵 F 的不一致程度在容许范围内，对 4 个系统所赋的权数具有较高的可信度，通过一致性检验，可用于具体的测度实践。

由以上计算可以得出科研机构知识资本测度体系各指标的权重分别如下所示。

人力资本系统中各指标所得权重分别为

(0.1138　0.0492　0.1825　0.1831　0.1842　0.0766　0.1451　0.0342　0.0313)

技术资本系统中各指标所得权重分别为

(0.1417　0.1403　0.1397　0.0775　0.1164　0.1152　0.1156　0.0761　0.0775)

管理资本系统中各指标所得权重分别为

(0.1753　0.2393　0.1714　0.2409　0.1731)

关系资本系统中各指标所得权重分别为

(0.1440　0.2092　0.1944　0.2751　0.1773)

表 5.6　　　　　　　科研机构知识资本测度指标体系各指标

一级指标权重	二级指标权重	
H：人力资本　0.4550	H1：管理人员比例	0.1138
	H2：员工整体素质	0.0492
	H3：高学历职工比例	0.1825
	H4：高职称人员比例	0.1831
	H5：专业技能程度	0.1842
	H6：职工培训比率	0.0766
	H7：职工创新能力	0.1451
	H8：职务测评比例	0.0342
	H9：职工保有率	0.0313
T：技术资本　0.2627	T1：科研专项经费	0.1417
	T2：科研项目收入情况	0.1403
	T3：科研投入与产出比	0.1397
	T4：专利授权	0.0775
	T5：论文发表	0.1164
	T6：专著发表	0.1152
	T7：科研奖项	0.1156
	T8：软件著作权	0.0761
	T9：制定标准	0.0775
M：管理资本　0.1411	M1：规章制度完善性	0.1753
	M2：组织架构合理性	0.2393
	M3：信息技术先进性	0.1714
	M4：战略发展超前性	0.2409
	M5：内部文化整合性	0.1731
R：关系资本　0.1411	R1：官方网站的点击率	0.1440
	R2：利益相关者的满意度	0.2092
	R3：利益相关者的忠诚度	0.1944
	R4：综合社会影响力	0.2751
	R5：国际化合作交流程度	0.1773

四 指标的无量纲化处理

由于各项指标的量纲不尽相同,建立统一的标准对知识资本进行测定难度较大。而无量纲化处理使各项指标能在一个统一的平台上进行计算,便于下一步评估。

对于定性指标,为了避免主观判断所引起的误差,可采用语义差别隶属度复制法,将其分为5个档次(好、较好、一般、较差、差),同时对这5个档次所反映具体指标的趋向程度提出明确、具体的要求,建立不同档次与隶属度之间的对应关系。根据各指标趋向程度相应的价值打分:第一档(好)为5分;第二档(较好)为4分;第三档(一般)为3分;第四档(较差)为2分;第五档(差)为1分。

对于定量指标,一般采用线性无量纲化方法,假设实际指标与评价指标间的变化比例存在着线性关系,标准化(Z - score)公式为

$$y_i = \frac{x_i - \bar{x}}{s}$$

公式中:

$$\bar{x} = \frac{1}{n}\sum_{i=1}^{n} x_i; \quad s = \sqrt{\frac{1}{n-1}\sum_{i=1}^{n}(x_i - \bar{x})^2} \qquad ④$$

五 综合测度与评价

在上文数据处理的基础上,提出以下计算公式,用于测度科研机构知识资本的综合价值:

$$ICV = \sum R_{ij} W_{ij} \qquad ⑤$$

其中,ICV 为科研机构知识资本综合测度值;R_{ij} 为知识资本第 i 项要素第 j 项指标的评价值;W_{ij} 为知识资本第 i 项要素第 j 项指标对总目标的权重。

本章小结

对已有知识资本测度评估模型的分析表明,目前关于知识资本测度与评价的模型主要分为:运用知识要素的测度方法表征知识经济的模

型、基于企业知识资本理论由 Skandia 导航者模型延伸至国家、区域等宏观层面的计量模型、以财务与会计计量为特征的知识资本计量模型。这些模型各有侧重，在指标的选取上各有优缺点。但是科研机构知识资本的价值应该是质和量的结合，评估测度要坚持预见性原则、全面性原则、系统性原则和可操作性原则。由于科研机构知识资本具有特殊性，对其进行客观、科学的评估，需要进一步考虑各种可变因子对知识资本测度准确性的影响。

以常用知识资本测度模型以及第三、四章的科研机构知识资本理论分析为基础，结合科研机构知识资本的自身特色，基于测度目标提出了科研机构知识资本测度模型的构建原则，分析了测度模型构建的影响因子。在遵循构建原则和充分考虑各影响因子的前提下，构建出科研机构人力资本、技术资本、关系资本和管理资本四要素知识资本测度模型。

根据四要素测度模型，建立科研机构知识资本综合测度指标量化体系，包括一级指标4个，二级指标28个。采用专家打分法和两两比较法综合运用，确定各指标权重，通过计算单排序权向量并做一致性检验、计算总排序权向量并做一致性检验的程序进行分析处理，以及定性指标的量化、定量指标的无量纲化处理，最终得出关于科研机构知识资本综合价值的计算公式。

第六章 公益型科研机构知识资本评估实例分析：以某科研机构 B 为例

基于上述对科研机构知识资本测度的理论分析和指标设计，本书选取我国某地方性大型科研机构 B 为研究案例，就科研机构知识资本的测度进行实证分析。本书中科研机构知识资本测度模型指标体系的构建更侧重于公益型科研机构的知识资本测度，因此以北科院作为研究对象理由有两个：其一，B 作为全国最大的地方性科研机构，是地方科研机构的代表，多年来一直以公益服务首都社会发展为立足点，重点解决首都经济发展中的热点、难点和焦点问题；其二，B 现有的 30 个直属研究机构中比重最大的就是公益类研究机构（有 10 家）。因此，用 B 作为公益型科研机构知识资本测度模型的实证分析对象，具有代表性和研究价值。

第一节 研究对象概况

某科研机构 B 是全国最大的地方性科研机构，成立于 1984 年，为北京市市属的多学科、综合性、跨行业的大型科技研发机构。现拥有 30 个直属单位，其中公益型研究机构 10 家，应用技术开发型研究机构 8 家，科技服务机构 9 家，科普场馆 3 家。拥有员工 5216 人，其中专业技术人员 2867 人，具有高级职称人数 452 人，博士研究生 229 人，硕士研究生 1051 人。按照国家和北京市中长期发展规划纲要的要求，抓紧实施科技创新工程，全院已形成 2 个国家级工程技术研究中心、14 个北京市重点实验室（工程技术研究中心）、15 个院级重点实验室组成的多层级科技创新体系，在新一代信息技术、生物工程与健康产业、新能源与节能环保、高端装备制造与新材料、公共安全与城市管理、科技发展战略研究、科技传播与科学普及等重点领域形成了自己的特色和优势，逐步形成领域多样、侧重应用的科研布局。

具体研究对象为某科研机构 B 中 10 家公益型研究机构（其中轻工环保领域 2 家机构和情报研究领域 2 家机构是一个机构两块牌子，因此数据合并处理），由此以下数据来源为 8 家公益型研究机构：

（1）研究对象 A1 为劳动保护领域单位，成立于 1956 年，是中国最早从事安全和环境科学领域研究的科研机构之一。该所建立了多个专业技术研究机构和检测中心，分别涉及城市公共安全、安全生产与劳动保护、人居环境等重点领域。

（2）研究对象 A2 为理化分析领域单位，成立于 1979 年，主要开展食品、环境、材料、生物医药等方面的公益服务和研究工作，是北京地区具有综合理化分析方法研究与检测实力的公益型科研机构。

（3）研究对象 A3 为轻工环保领域单位，主要从事工业废水治理、环境监测分析、清洁生产等领域的技术开发研究及技术咨询。目前拥有 3 个重点实验室（工业场地污染与修复市级重点实验室、某科研机构 B 下属环境修复重点实验室及废水资源化重点实验室）和 4 个研究中心（北京北科土地修复工程技术研究中心、环境影响评价中心、中轻环境实验中心及技术中心）。

（4）研究对象 A4 为辐射研究领域单位，成立于 1979 年，是国内最早具有凝聚态物理、理论物理博士学位授权的单位之一。中心设有理论物理教研室、离子束物理与技术教研室、核物理与核技术教研室等。

（5）研究对象 A5 为情报研究领域单位，成立于 1973 年，是以信息情报学为核心，覆盖信息资源、信息技术、信息服务三大领域的信息咨询研究机构。目前，已形成了一支由 26 名博士、95 名硕士组成的高素质人才队伍，硕士以上学历人员占到 70%，学科领域涉及情报、信息、经济、管理、法学、材料、生物、环境科学等，语种涵盖英、日、德、法、韩等。

（6）研究对象 A6 为城市系统研究领域单位，是一个以自然科学为主体、多学科交叉的社会公益研究机构。目前该所拥有博士 15 人、硕士 40 人，其中具有高级技术职称的超过 20 人。该所的研究领域涉及宏观、中观和微观三个层面,宏观层面主要涉及能源环境方面的研究;中观层面主要涉及城市运行、城市安全方面的研究;微观层面主要涉及城市社区、城乡发展方面的研究。

(7) 研究对象 A7 为决策科学研究单位,是专业从事决策咨询的建制事业机构。现有顾问、理事、特邀高级专家 150 余人。主要从事科学技术与社会相关研究,城市、地区、行业、企业发展战略研究,面向决策的信息服务以及开展国内外科技类咨询服务。

(8) 研究对象 A8 为软科学研究单位,是北京市唯一一家以管理科学为核心的软科学研究市属事业单位。成立 20 多年来,主要研究方向聚焦在科技统计与分析学科、科技战略与政策学科、城市现代化学科,同时兼顾科技人才、区域发展、科技与经济等学科建设。通过开展以管理学为核心的公益性软科学研究工作,以科技管理与政策、科技统计信息、城市现代化三个重点学科建设为龙头,解决首都经济发展中的热点难点问题,为政府科学决策提供可资参考的成果和依据,为提高自主创新能力、建设创新型城市服务。

第二节 数据获取与处理

本书中科研机构知识资本构成包括人力资本、技术资本、管理资本和关系资本,因此数据获取将以此作为构成要素进行数据采集。本书数据的来源与获取主要以统计报表、实地调研、访谈、专家咨询为主,通过相关指标的定量与定性分析相结合的方法,用具体案例对科研机构知识资本测度模型进行验证,相关数据获取主要是用于针对科研机构测度模型指标体系的分析,数据统计时间截止到 2018 年 12 月 31 日。

书中采集数据均来自某科研机构 B 下属单位上报的年度统计报表,经其同意用于研究之用。结合笔者工作,对有关单位领导和员工进行了一系列接触,实地深入所涉及的单位,进行了细致的分析。选取了具有代表性的专家和学者进行访谈,咨询了他们的意见。

考虑到需要足够的样本数进行统计分析,因此对于定量测度部分,书中采集了某科研机构 B 所属全部公益型研究机构 2018 年的数据进行研究分析，同时将所采集的数据进行标准化的无量纲处理，把性质、量纲各异的指标转化为可进行综合评价的一个相对的量化值。对于定性研究，研究中的问卷调查范围涉及某科研机构 B 内部具有代表性的人员 23 人，B 以外相关联系单位人员 19 人以及专家咨询 13 人，以此来进一步确定数据具有代表性和典型性；对于定性指标的数据，根据调查掌握的实际情况，本书均采用效益型指标进行换算，最高 5 分，最低 1 分。5 分表示好，4 分表示较好，3 分表示一般，2 分表示较差，1 分表示差。为了增加协调性和客观性，使得各指标量化值能进行同度量比较，本书采用模糊隶属赋值法确定各个指标权重。

针对选择的科研机构进行数据收集、筛选和调研、数据的无量纲化处理。各指标知识资本计算并整理为表格（见表 6.1—6.10）。

表 6.1　　　　　　　　人力资本二级指标数据统计表

单位：人

单位编号	员工总数	按岗位分类			正副高级职称人数	本科以上人数	博士人数	参加培训人数
		管理	专业技术人员	工勤				
A1	260	12	237	11	70	240	51	260
A2	153	8	144	1	39	135	31	120
A3	118	3	113	2	26	98	12	113
A4	43	3	40	0	9	41	12	42
A5	167	6	159	2	36	150	26	103
A6	67	7	58	2	12	63	15	67
A7	13	2	11	0	1	13	2	12
A8	52	8	44	0	14	51	14	52

表 6.2　　　　　　　　　人力资本测度值计算结果

单位编号	H1	H2	H3	H4	H5	H6	H7	H8	H9
A1	0.046	0.923	0.196	0.269	0.912	1.000	0.654	0.046	1.017
A2	0.052	0.882	0.203	0.255	0.941	0.784	0.543	0.160	1.011
A3	0.025	0.831	0.102	0.220	0.958	0.958	0.318	0.062	1.016
A4	0.070	0.953	0.279	0.209	0.930	0.977	0.533	0.067	1.000
A5	0.036	0.898	0.156	0.216	0.952	0.617	0.582	0.112	1.006
A6	0.104	0.940	0.224	0.179	0.866	1.000	0.786	0.271	1.014
A7	0.154	1.000	0.154	0.077	0.846	0.923	0.333	0.267	1.067
A8	0.154	0.981	0.269	0.269	0.846	1.000	0.528	0.396	1.038

表 6.3　　　　　　　　　技术资本二级指标数据统计表

单位编号	技工贸总收入/万元	科研项目数/个	科研项目总额/万元	财政专项经费/万元	专利授权/个	发表论文/个	发表专著/个	科研奖项/个	制定标准/个	软件著作权/个
A1	18472.9	58	3509.8	8819.14	13	26	8	0	5	6
A2	11628.3	11	1490.9	3904.32	17	63	1	5	4	1
A3	5655	14	753.9	2661.19	6	26	1	0	5	2
A4	1576.02	2	36	537.04	2	6	0	0	0	0
A5	7890.6	16	454.8	1855.89	1	21	4	0	0	7
A6	5933.2	30	1899.5	3587.2	4	15	5	0	4	6
A7	659	7	121	0	0	2	0	0	0	0
A8	3723.2	28	1021.1	2208.44	0	7	7	2	0	1

表 6.4 技术资本测度值计算结果

单位编号	T1	T2	T3	T4	T5	T6	T7	T8	T9
A1	0.477	0.190	1.00	0.765	0.413	1.000	0.000	0.857	1.000
A2	0.336	0.128	8.27	1.000	1.000	0.125	1.000	0.143	0.800
A3	0.471	0.133	2.86	0.353	0.413	0.125	0.000	0.286	1.000
A4	0.341	0.023	4.00	0.118	0.095	0.000	0.000	0.000	0.000
A5	0.235	0.058	2.06	0.059	0.333	0.500	0.000	1.000	0.000
A6	0.605	0.320	1.13	0.235	0.238	0.625	0.000	0.857	0.800
A7	0.000	0.184	0.29	0.000	0.032	0.000	0.000	0.000	0.000
A8	0.593	0.274	0.61	0.000	0.111	0.875	0.400	0.143	0.000

表 6.5 管理资本调研打分表

指标	指标分解	分值	评分标准
M1：规章制度完善性	科研管理制度	20	具有明确的科研项目、经费、过程、成果管理制度
	财务管理制度	20	具有明确的财务人员管理、经费预算编制、统计台账、资产管理制度
	人事管理制度	20	具有明确的人员录用、考核、任用、培养制度
	绩效考核制度	20	具有明确的岗位职责、目标、奖惩、激励制度
	制度落实情况	20	各项制度完备、合理、具备可操作性
M2：组织架构合理性	组织设置情况	25	具有与科研机构目标一致的组织设置
	组织分工情况	25	各组织职能与目标明确
	组织协调情况	25	各组织职能具有与机构目标的一致性以及与其他部门的协调性
	组织层级关系情况	25	不同权限组织间的配合和协调一致性，决策、管理落实与反馈畅通

续表

指标	指标分解	分值	评分标准
M3：信息技术先进性	信息化程度	50	具有完善合理的信息管理系统
	技术支持度	50	具有完善的信息技术支持系统
M4：战略发展超前性	发展定位	50	制定实施明确的发展定位和发展思路
	中长期发展规划	50	制定实施中长期发展规划，且真实，符合单位实际情况，具有可操作性
M5：内部文化整合性	文化协调性	50	员工个体发展目标与组织目标的一致性高
	核心价值观	50	组织核心价值观明确

表6.6　　　　　　　　　管理资本测度值计算结果

单位编号	M1	M2	M3	M4	M5
A1	83.40	81.00	79.40	81.80	77.80
A2	80.80	82.40	80.60	79.20	77.00
A3	79.20	80.20	77.00	75.40	80.00
A4	70.20	73.20	71.40	75.00	72.60
A5	82.40	77.00	73.80	79.60	80.20
A6	77.40	79.20	80.60	80.20	74.00
A7	72.20	74.80	78.20	76.20	71.00
A8	79.60	75.40	73.00	80.20	76.60

备注：本表以百分制进行计算，为简化模型计算，放入模型中对应成五分满分制。

表6.7　　　　　对应五分制计算管理资本测度值的计算结果

单位编号	M1	M2	M3	M4	M5
A1	4.17	4.05	3.97	4.09	3.89
A2	4.04	4.12	4.03	3.96	3.85

续表

单位编号	M1	M2	M3	M4	M5
A3	3.96	4.01	3.85	3.77	4.00
A4	3.51	3.66	3.57	3.75	3.63
A5	4.12	3.85	3.69	3.98	4.01
A6	3.87	3.96	4.03	4.01	3.70
A7	3.61	3.74	3.91	3.81	3.55
A8	3.98	3.77	3.65	4.01	3.83

表6.8 关系资本调研打分表

指标	指标分解	分值	评分标准
R1：官方网站的点击率	网站关注度	100	网站点击率
R2：利益相关者的满意度	吸引竞争性项目	50	争取省市级、国家级竞争项目能力
	吸引企业投入类项目	50	由于自身科技优势争取到的能满足企业等市场主体需求的横向类项目能力
R3：利益相关者的忠诚度	各项目的延续性	50	同类方向项目衔接和持续能力
	项目实施效果	50	项目完成情况及成果转化率
R4：综合社会影响力	举办学术会议或技术展会	40	举办学术会议或展会，推广公益研究成果
	参与技术展会并推广研究成果	40	参与科博会等展会推广研究成果
	科研开放	20	科研条件（仪器、平台）开放共享情况
R5：国际化合作交流程度	国际合作	50	国际项目合作情况
	国际交流	50	参加国际会议、人才培训情况

表 6.9　　　　　　　　关系资本测度值计算结果

单位编号	R1	R2	R3	R4	R5
A1	82.20	81.40	79.60	80.00	79.80
A2	80.60	81.40	79.60	80.20	80.60
A3	80.00	79.20	77.40	79.00	79.60
A4	75.40	76.00	73.00	72.60	74.20
A5	77.40	79.00	80.40	81.40	80.00
A6	78.20	78.60	79.20	80.00	80.20
A7	77.00	74.80	73.80	78.20	76.20
A8	77.60	78.40	78.80	75.80	73.80

表 6.10　　　　对应五分制计算关系资本测度值的计算结果

单位编号	R1	R2	R3	R4	R5
A1	4.11	4.07	3.98	4.00	3.99
A2	4.03	4.07	3.98	4.01	4.03
A3	4.00	3.96	3.87	3.95	3.98
A4	3.77	3.80	3.65	3.63	3.71
A5	3.87	3.95	4.02	4.07	4.00
A6	3.91	3.93	3.96	4.00	4.01
A7	3.85	3.74	3.69	3.91	3.81
A8	3.88	3.92	3.94	3.79	3.69

第三节　各科研机构知识资本总量测度

依据科研机构知识资本的测度模型，科研机构知识资本的总量应为科研机构主要构成要素（人力资本、技术资本、关系资本和管理资本）按照各级指标的具体测度值分别乘以权重的加和所得。由科研机构知识资本综合测度公式，计算各实证科研机构的知识资本值。

一　劳动保护领域单位（A1）

二级指标	测度值 二级指标×权重	一级指标	测度值 一级指标×权重	知识资本总量
H1：管理人员比例	0.0052	人力资本（H）	0.5992	1.5267
H2：员工整体素质	0.0454			
H3：高学历职工比例	0.0358			
H4：高职称人员比例	0.0493			
H5：专业技能程度	0.1680			
H6：职工培训比率	0.0766			
H7：职工创新能力	0.0949			
H8：职务测评比例	0.0016			
H9：职工保有率	0.0318			
T1：科研专项经费	0.477	技术资本（T）	4.0393	
T2：科研项目收入情况	0.0123			
T3：科研投入与产出比	0.2551			
T4：专利授权	0.0775			
T5：论文发表	0.1164			
T6：专著发表	0.1037			
T7：科研奖项	0.1156			
T8：软件著作权	0.0543			
T9：制定标准	0.0010			
M1：规章制度完善性	0.7310	管理资本（M）	4.0248	
M2：组织架构合理性	0.9692			
M3：信息技术先进性	0.6805			
M4：战略发展超前性	0.9853			
M5：内部文化整合性	0.6734			

续表

二级指标	测度值 二级指标×权重	一级指标	测度值 一级指标×权重	知识资本总量
R1：官方网站的点击率	0.5918	关系资本（R）	4.0248	1.5267
R2：利益相关者的满意度	0.8514			
R3：利益相关者的忠诚度	0.7737			
R4：综合社会影响力	1.1004			
R5：国际化合作交流程度	0.7074			

二 理化分析领域单位（A2）

二级指标	测度值 二级指标×权重	一级指标	测度值 一级指标×权重	知识资本总量
H1：管理人员比例	0.0084	人力资本（H）	0.4823	1.7772
H2：员工整体素质	0.0475			
H3：高学历职工比例	0.0272			
H4：高职称人员比例	0.0313			
H5：专业技能程度	0.1652			
H6：职工培训比率	0.0276			
H7：职工创新能力	0.0788			
H8：职务测评比例	0.0055			
H9：职工保有率	0.0316			
T1：科研专项经费	0.0262	技术资本（T）	1.6177	
T2：科研项目收入情况	0.0553			
T3：科研投入与产出比	0.3086			
T4：专利授权	0.0202			
T5：论文发表	0.0773			
T6：专著发表	0.0115			
T7：科研奖项	0.0643			

续表

二级指标	测度值 二级指标×权重	一级指标	测度值 一级指标×权重	知识资本总量
T8：软件著作权	0.0218	技术资本（T）	1.6177	
T9：制定标准	0.0078			
M1：规章制度完善性	0.7082	管理资本（M）	4.0053	1.7772
M2：组织架构合理性	0.9859			
M3：信息技术先进性	0.6907			
M4：战略发展超前性	0.9540			
M5：内部文化整合性	0.6664			
R1：官方网站的点击率	0.5803	关系资本（R）	4.0231	
R2：利益相关者的满意度	0.8514			
R3：利益相关者的忠诚度	0.7737			
R4：综合社会影响力	1.1032			
R5：国际化合作交流程度	0.7145			

三 轻工环保领域单位（A3）

二级指标	测度值 二级指标×权重	一级指标	测度值 一级指标×权重	知识资本总量
H1：管理人员比例	0.0084	人力资本（H）	0.4325	1.4834
H2：员工整体素质	0.0007			
H3：高学历职工比例	0.0142			
H4：高职称人员比例	0.0269			
H5：专业技能程度	0.1785			
H6：职工培训比率	0.0255			
H7：职工创新能力	0.0461			
H8：职务测评比例	0.0021			
H9：职工保有率	0.0318			

续表

二级指标	测度值 二级指标×权重	一级指标	测度值 一级指标 ×权重	知识资本总量
T1：科研专项经费	0.0289	技术资本 （T）	0.6740	1.4834
T2：科研项目收入情况	0.0647			
T3：科研投入与产出比	0.0666			
T4：专利授权	0.0236			
T5：论文发表	0.0264			
T6：专著发表	0.0115			
T7：科研奖项	0.0643			
T8：软件著作权	0.0000			
T9：制定标准	0.0029			
M1：规章制度完善性	0.6942	管理资本 （M）	3.9143	
M2：组织架构合理性	0.9596			
M3：信息技术先进性	0.6599			
M4：战略发展超前性	0.9082			
M5：内部文化整合性	0.6924			
R1：官方网站的点击率	0.5760	关系资本 （R）	3.9491	
R2：利益相关者的满意度	0.8284			
R3：利益相关者的忠诚度	0.7523			
R4：综合社会影响力	1.0866			
R5：国际化合作交流程度	0.7057			

四 辐射研究领域单位（A4）

二级指标	测度值 二级指标×权重	一级指标	测度值 一级指标 ×权重	知识资本总量
H1：管理人员比例	0.0100	人力资本 （H）	0.5011	1.4291
H2：员工整体素质	0.0467			

续表

二级指标	测度值 二级指标×权重	一级指标	测度值 一级指标×权重	知识资本总量
H3：高学历职工比例	0.0243	人力资本（H）	0.5011	1.4291
H4：高职称人员比例	0.0244			
H5：专业技能程度	0.1678			
H6：职工培训比率	0.0323			
H7：职工创新能力	0.0773			
H8：职务测评比例	0.0023			
H9：职工保有率	0.0313			
T1：科研专项经费	0.0111	技术资本（T）	0.6305	
T2：科研项目收入情况	0.0278			
T3：科研投入与产出比	0.2394			
T4：专利授权	0.0000			
T5：论文发表	0.0243			
T6：专著发表	0.0115			
T7：科研奖项	0.0000			
T8：软件著作权	0.0000			
T9：制定标准	0.0000			
M1：规章制度完善性	0.6153	管理资本（M）	3.6348	
M2：组织架构合理性	0.8758			
M3：信息技术先进性	0.6119			
M4：战略发展超前性	0.9034			
M5：内部文化整合性	0.6284			
R1：官方网站的点击率	0.5429	关系资本（R）	3.7038	
R2：利益相关者的满意度	0.7950			
R3：利益相关者的忠诚度	0.7096			
R4：综合社会影响力	0.9986			
R5：国际化合作交流程度	0.6578			

五 情报研究领域单位（A5）

二级指标	测度值 二级指标×权重	一级指标	测度值 一级指标×权重	知识资本总量
H1：管理人员比例	0.0114	人力资本（H）	0.4587	1.4596
H2：员工整体素质	0.0466			
H3：高学历职工比例	0.0268			
H4：高职称人员比例	0.0280			
H5：专业技能程度	0.1604			
H6：职工培训比率	0.0302			
H7：职工创新能力	0.0844			
H8：职务测评比例	0.0038			
H9：职工保有率	0.0315			
T1：科研专项经费	0.0503	技术资本（T）	0.5063	
T2：科研项目收入情况	0.0686			
T3：科研投入与产出比	0.1820			
T4：专利授权	0.0135			
T5：论文发表	0.0825			
T6：专著发表	0.1152			
T7：科研奖项	0.0385			
T8：软件著作权	0.0435			
T9：制定标准	0.0000			
M1：规章制度完善性	0.7222	管理资本（M）	3.9289	
M2：组织架构合理性	0.9213			
M3：信息技术先进性	0.6325			
M4：战略发展超前性	0.9588			
M5：内部文化整合性	0.6941			
R1：官方网站的点击率	0.5573	关系资本（R）	3.9940	
R2：利益相关者的满意度	0.8263			

续表

二级指标	测度值 二级指标×权重	一级指标	测度值 一级指标×权重	知识资本总量
R3：利益相关者的忠诚度	0.7815	关系资本（R）	3.9940	1.4596
R4：综合社会影响力	1.1197			
R5：国际化合作交流程度	0.7092			

六　城市系统研究领域单位（A6）

二级指标	测度值 二级指标×权重	一级指标	测度值 一级指标×权重	知识资本总量
H1：管理人员比例	0.0097	人力资本（H）	0.5229	1.4913
H2：员工整体素质	0.0435			
H3：高学历职工比例	0.0469			
H4：高职称人员比例	0.0392			
H5：专业技能程度	0.1632			
H6：职工培训比率	0.0273			
H7：职工创新能力	0.1140			
H8：职务测评比例	0.0093			
H9：职工保有率	0.0317			
T1：科研专项经费	0.0364	技术资本（T）	0.5336	
T2：科研项目收入情况	0.0965			
T3：科研投入与产出比	0.1147			
T4：专利授权	0.0000			
T5：论文发表	0.0381			
T6：专著发表	0.0691			
T7：科研奖项	0.0128			
T8：软件著作权	0.0761			
T9：制定标准	0.0048			

续表

二级指标	测度值 二级指标×权重	一级指标	测度值 一级指标×权重	知识资本总量
M1：规章制度完善性	0.6784	管理资本（M）	3.9233	1.4913
M2：组织架构合理性	0.9476			
M3：信息技术先进性	0.6907			
M4：战略发展超前性	0.9660			
M5：内部文化整合性	0.6405			
R1：官方网站的点击率	0.5630	关系资本（R）	3.9664	
R2：利益相关者的满意度	0.8222			
R3：利益相关者的忠诚度	0.7698			
R4：综合社会影响力	1.1004			
R5：国际化合作交流程度	0.7110			

七　决策科学研究单位（A7）

二级指标	测度值 二级指标×权重	一级指标	测度值 一级指标×权重	知识资本总量
H1：管理人员比例	0.0228	人力资本（H）	0.4263	1.2756
H2：员工整体素质	0.0459			
H3：高学历职工比例	0.0243			
H4：高职称人员比例	0.0123			
H5：专业技能程度	0.1474			
H6：职工培训比率	0.0306			
H7：职工创新能力	0.0483			
H8：职务测评比例	0.0091			
H9：职工保有率	0.0334			

续表

二级指标	测度值 二级指标×权重	一级指标	测度值 一级指标×权重	知识资本总量
T1：科研专项经费	0.0000	技术资本 （T）	0.0701	1.2756
T2：科研项目收入情况	0.1399			
T3：科研投入与产出比	0.0332			
T4：专利授权	0.0000			
T5：论文发表	0.0052			
T6：专著发表	0.0000			
T7：科研奖项	0.0000			
T8：软件著作权	0.0000			
T9：制定标准	0.0000			
M1：规章制度完善性	0.6328	管理资本 （M）	3.7303	
M2：组织架构合理性	0.8950			
M3：信息技术先进性	0.6702			
M4：战略发展超前性	0.9178			
M5：内部文化整合性	0.6145			
R1：官方网站的点击率	0.5544	关系资本 （R）	3.8053	
R2：利益相关者的满意度	0.7824			
R3：利益相关者的忠诚度	0.7173			
R4：综合社会影响力	1.0756			
R5：国际化合作交流程度	0.6755			

八　软科学研究单位（A8）

二级指标	测度值 二级指标×权重	一级指标	测度值 一级指标×权重	知识资本总量
H1：管理人员比例	0.0085	人力资本 （H）	0.5192	1.4216
H2：员工整体素质	0.0399			

续表

二级指标	测度值 二级指标×权重	一级指标	测度值 一级指标×权重	知识资本总量
H3：高学历职工比例	0.0310	人力资本 （H）	0.5192	1.4216
H4：高职称人员比例	0.0381			
H5：专业技能程度	0.1704			
H6：职工培训比率	0.0246			
H7：职工创新能力	0.0766			
H8：职务测评比例	0.0135			
H9：职工保有率	0.0325			
T1：科研专项经费	0.0390	技术资本 （T）	0.3785	
T2：科研项目收入情况	0.0439			
T3：科研投入与产出比	0.1151			
T4：专利授权	0.0000			
T5：论文发表	0.0222			
T6：专著发表	0.0346			
T7：科研奖项	0.0513			
T8：软件著作权	0.0000			
T9：制定标准	0.0000			
M1：规章制度完善性	0.6977	管理资本 （M）	3.8545	
M2：组织架构合理性	0.9022			
M3：信息技术先进性	0.6256			
M4：战略发展超前性	0.9660			
M5：内部文化整合性	0.6630			
R1：官方网站的点击率	0.5587	关系资本 （R）	3.8416	
R2：利益相关者的满意度	0.8201			
R3：利益相关者的忠诚度	0.7659			
R4：综合社会影响力	1.0426			
R5：国际化合作交流程度	0.6542			

第四节 分析与讨论

一 测度模型的实证分析

根据本研究所设计模型对科研机构的测度结果,结合实际情况,我们对相关科研机构的知识资本情况进行了分析,并提出了进一步提高这些科研机构知识资本发展水平的对策建议。

1. 知识资本总量比较

科研机构的知识资本构成由人力资本、技术资本、管理资本和关系资本构成,这几项指标互相依存、互相影响。因此,要提高科研机构的知识资本总量,增强核心竞争力,需要协同发展这几项指标。人力资本是科研机构知识资本构成的核心,具有高学历、高职称、高智商、高层次的人才构成是提高科研机构知识资本总量的核心,因此在四项一级指标中,人力资本的权重占比也是最高的(见图6.1)。

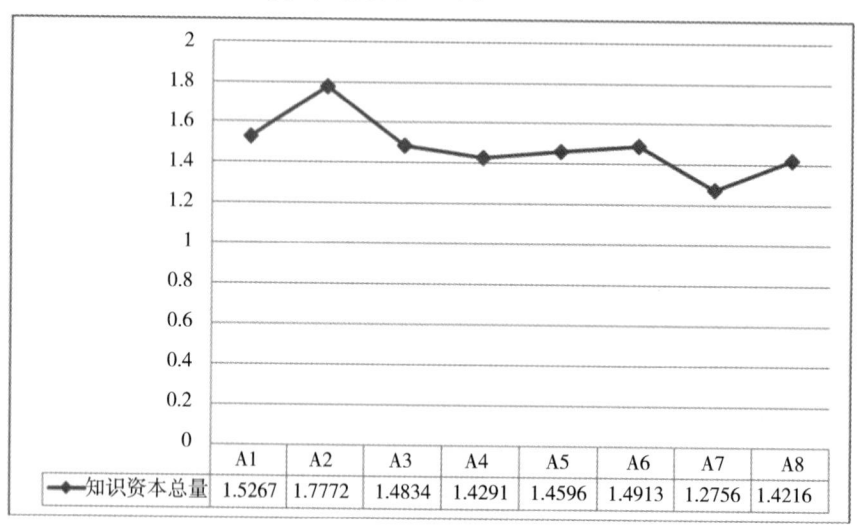

	A1	A2	A3	A4	A5	A6	A7	A8
知识资本总量	1.5267	1.7772	1.4834	1.4291	1.4596	1.4913	1.2756	1.4216

图6.1 科研机构知识资本总量比较

经过以上数据测算分析可以看出,上述研究机构中知识资本总量的排名分别为:理化分析领域单位、劳动保护领域单位、城市系统研究领域单位、轻工环保领域单位、情报研究领域单位、辐射研究领域单位、软科学研究单位、决策科学研究单位。

以上排名的结果是人力资本、技术资本、管理资本和关系资本几方面要素综合的结果。知识资本总量高说明该研究机构的创新能力强、科研竞争力相对其他研究机构更高。通过下面的分项分析，我们可以看出排名第一位的理化分析领域单位，具有非常强的技术资本优势；第二位劳动保护领域单位的管理资本和关系资本排名均为第一，但是因为技术资本不占优势，其知识资本总量排名第二，由此说明，劳保所应加强技术资本的提升，在今后的工作中重视技术创新和技术成果的积累，进而进一步提高知识资本总量。

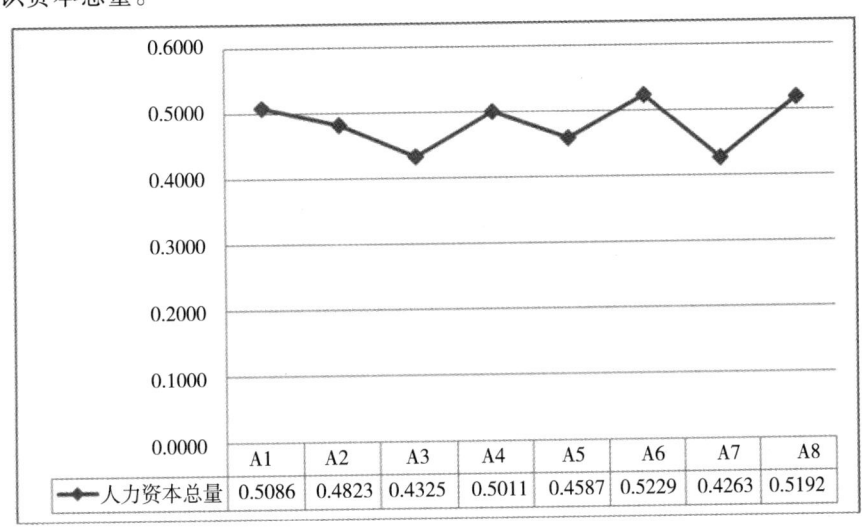

	A1	A2	A3	A4	A5	A6	A7	A8
人力资本总量	0.5086	0.4823	0.4325	0.5011	0.4587	0.5229	0.4263	0.5192

图 6.2　科研机构人力资本比较

2. 人力资本比较

从图 6.2 可以看出，在人力资本测度值中，系统工程中心在 8 家研究机构中排名第一，其次分别为：软科学研究单位、劳动保护领域研究单位、辐射研究领域单位、理化分析领域单位、情报研究领域单位、轻工环保领域单位、决策科学研究单位。

系统工程中心在所有参加测度的研究机构中人力资本测度结果位居第一位，是因为在系统工程中心的所有员工中，职工的年培训率高、职工创新能力强，这两项指标在 8 个所中排名均为第一，因此该中心在提升职工创新能力方面的重视是该所的特色和科研优势。与此同时，由数据可以看出，科学学中心作为规模不大的软科学类研究所，虽然创新能力不突出，但该研究机构的人员总体结构较为合理，高层次人员比例较大，整体的创新能力亦较强，位居第二位。虽然职工人数较多的轻工所，在人员数量上占据优势，但是该所的人力资本构成中，高学历和高职称人员占比很低，职工创新能力也不强，因此在各项权重加权后的结果中，排名倒数第二；决策咨询中心由于其在编人员数量的限值，使得中心的高职人员和高学历人员的比例较低，因此在各所人力资本总量排名中位居倒数第一。而其他几个单位，均因在不同方面有着不同的表现，抑或在部分取值中存在明显不足而分列3—6名。

根据以上的研究结果，我们可以看出，虽然有些研究机构具有很强的专业研究优势，但是由于人员构成结构不合理以及高层次科研人员的构成比例相对较低，会影响到对创新活力的激发。因此，在今后的工作中，应根据各所人员结构的特点，有所侧重地调整人员结构比例，以提供人力资本总量，以此来增强该研究机构的核心竞争力。

3. 技术资本比较

在技术资本测度值这一维度的分析中，以各研究机构的技工贸总收入、科研项目数、科研项目总额、财政专项经费、专利授权、发表论文、出版专著、科研奖项、制定标准、软件著作权作为指标，从各个角度进行数据分析，经过数据的整理、测算等数据研究和处理后，我们可以看出（见图6.3），理化分析领域单位排名第一，轻工环保领域单位排名第二，而辐射研究领域单位、劳动保护领域单位、城市系统研究领域单位、情报研究领域单位、软科学研究单位和决策科学研究单位分列该项分析的3—8名。

其中，理化中心在专利授权数量、论文发表数量以及科研奖项的获得数量中均位列8个科研机构之首，表明该中心在科研创新和科技研发方面的实力非常突出，其较高的科研投入与产出比也再一次印证了该所的科研成果产出能力非常强。而系统工程中心等单位虽然在人力资本上有着较强的优势，但是由于其本身规模的限制，导致其在科研创新能力、科研项目投入等方面的数量和规模均存在一定的局限性，进而导致其排名在该领域有所下滑。

4. 管理资本比较

根据以上测度结果，在管理资本测度值中，我们可以看出（见图

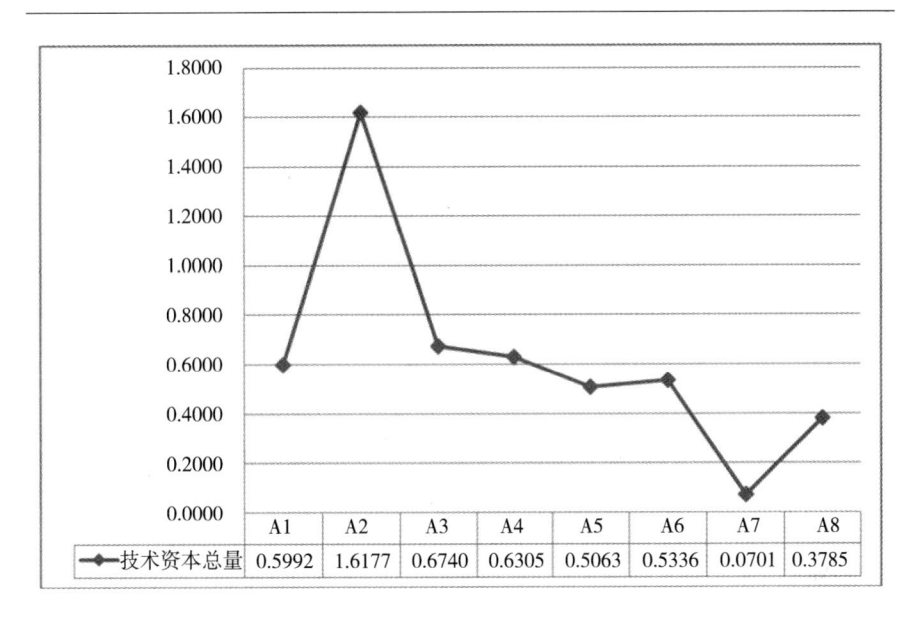

第六章 公益型科研机构知识资本评估实例分析:以某科研机构 B 为例

	A1	A2	A3	A4	A5	A6	A7	A8
技术资本总量	0.5992	1.6177	0.6740	0.6305	0.5063	0.5336	0.0701	0.3785

图 6.3 科研机构技术资本比较

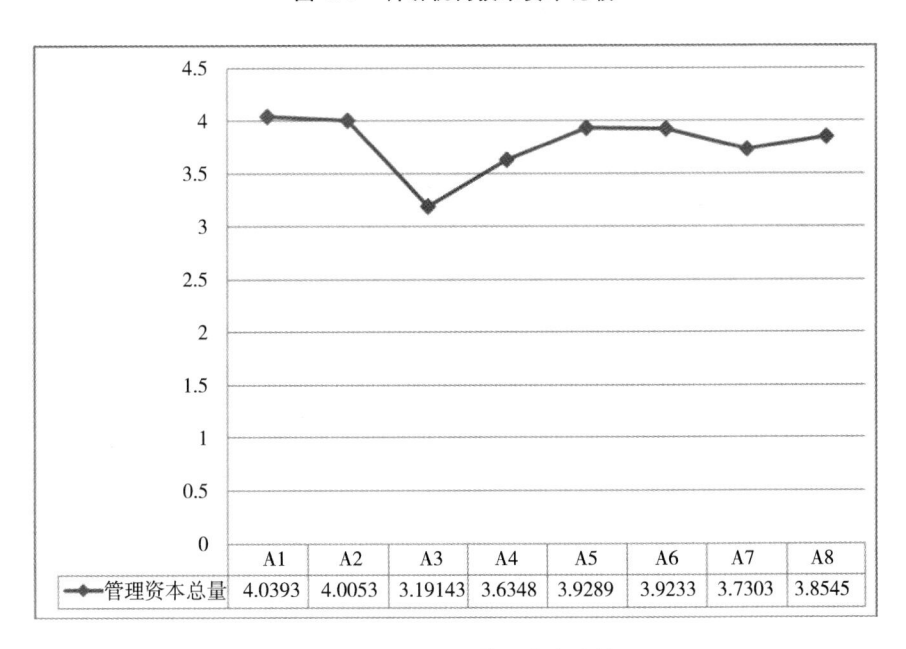

	A1	A2	A3	A4	A5	A6	A7	A8
管理资本总量	4.0393	4.0053	3.19143	3.6348	3.9289	3.9233	3.7303	3.8545

图 6.4 科研机构管理资本比较

6.4),劳动保护领域单位在 8 家研究机构中排名第一,其次分别为:理化分析领域单位、情报研究领域单位、城市系统研究领域单位、轻工环保领域单位、软科学研究单位、决策科学研究单位、辐射研究领域单位。

该排名说明对于人员规模较大的几家研究机构，其科研管理水平是非常高的，它们具有完善的规章制度和合理的单位组织构架，具有清晰的发展定位和方向，具有前瞻性的战略发展眼光，这将有利于加快其知识资本积累和管理水平，为更好地发挥研究优势，解决社会发展中的科研攻关难题提供了坚强保障。

5. 关系资本比较

关系资本是一个科研机构在整体运行发展中不可或缺的外部力量，通过研究机构的关系资本总量程度可以看出，该研究机构的学术影响力和外部发展网络结构。根据以上测度结果，在关系资本测度值中（见图6.5），我们可以看出，劳动保护领域单位在8家研究机构中排名第一，其次分别为：理化分析领域单位、情报研究领域单位、城市系统研究领域单位、轻工环保领域单位、软科学研究单位、决策科学研究单位、辐射研究领域单位。

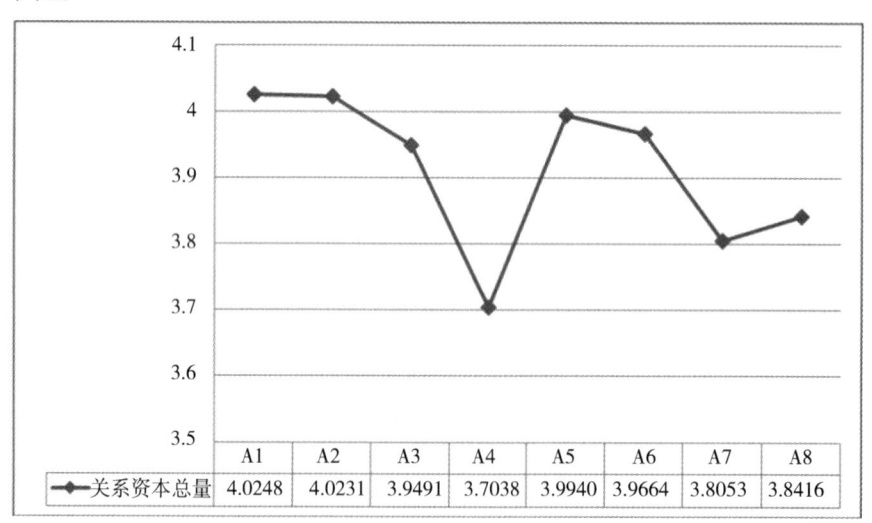

	A1	A2	A3	A4	A5	A6	A7	A8
关系资本总量	4.0248	4.0231	3.9491	3.7038	3.9940	3.9664	3.8053	3.8416

图 6.5 科研机构关系资本比较

根据合并之前的数据我们可以看出，劳动保护领域单位在所有研究机构中，各项测度值均排名居前，说明该所具有非常突出的发展优势，而排名居后的决策咨询中心和辐射中心，因其规模较小，整体影响力和辐射能力相对弱一些，因此排名靠后。

二 测度模型应用结果的讨论

根据测度模型对 8 个科研机构进行了量化测度,测度结果与各科研机构的实际情况结果高度逼近,反映了本书所建立的测度模型具有很好的实用性,各指标因子间的动态关系也反映出在知识资本运作过程中,应进一步促进相关影响因子之间的协调发展。对于科研机构来说,不断加大知识资本的占有量是使其提高科研创新能力和核心竞争力的最重要因素。

本章根据前述结合科研机构自身特点构建的知识资本测度模型,对 8 个科研机构进行了量化测度发现,理化分析领域单位具有较强的技术资本、管理资本和关系资本,虽然人力资本排名相对较后,但其综合评价后的知识资本最高,排名位居第一;劳动保护领域单位虽在人力资本方面的排名为第三,在技术资本方面的排名是第四,但其具有较强的管理资本和关系资本优势,其综合评价后的知识资本总量排名第二;城市系统研究领域单位人力资本虽居第一,但技术资本排名第五,管理资本和关系资本排名均居第四,其综合评价后的知识资本位居第三。模型计算评价结果与科研院系统各研究所表现出来的创新力和核心竞争力评比规律一致,由此可见,建立的测度模型合理,具有较好的实用性。人力资本、技术资本、管理资本和关系资本是影响科研机构知识资本的关键要素,只有从这四个要素综合考虑、高度重视、协调发展,才能提高一个科研单位的知识资本,从而提升该单位的创新力和核心竞争力。

由于研究时间和研究水平的限制,该模型还存在许多可以改进的空间。各指标因子间的动态关系反映出在知识资本运作过程中,应进一步促进相关影响因子之间的协调发展。指标体系中,尽管选择了 28 个二级指标,但科研机构知识资本测度是一个复杂的系统工程,还需要更为全面和系统地考虑更多的影响因素及其相互关系。与此同时,知识资本形成过程的链条较长,情况比较复杂,研究需要更为细致和具体,因此模型指标设计仍然略显粗糙,有待于在后续的研究中进一步地不断完善和改进。

三 测度模型应用评价结果的评析

根据以上分析,要提高科研管理水平,促进科研成果转化,提高劳动生产率，必须发挥科研人员的积极性和创造性。根据马克思的理论，生产力是最活跃、最革命的因素，而劳动力是具有主导的、起决定性作用的生产要素，没有劳动，就没有生产，也就没有商品的生产和商品经济的发展。科学技术的进步，尤其需要发挥劳动者的能动性和创造精神，因为很多发明创造都是劳动者智慧的结晶，像一些软件的发明，完全是劳动者的脑力创造，物质资本只起到一定的辅助作用，这被现代社会科学称作人力资本，并且是一种专有性人力资本，但归根结底仍是人的劳动，仍然是脑力劳动和体力劳动的结合，这种劳动在经济增长和社会发展中的贡献是无可取代的。因此，在知识经济条件下，不仅科学劳动作为生产劳动能够创造价值，而且科学劳动能够创造出更多的价值。

尽管劳动作为一种生产要素是必不可少的，但是生产同样离不开非劳动生产要素，诸如物化劳动、自然资源等。尤其是现代的发明和创造，是以科学和试验为基础的，这就要求有相应的实验设备、实验条件和物质基础的保障。随着人的劳动创造能力的不断提高，对非劳动生产要素的需求不断增加和升级，不仅表现在量和质的要求上，还表现在种类和形式上，因此，新的非劳动生产要素不断出现，深刻影响着生产力的发展。

虽然非生产要素在价值形成中的作用不可或缺，但商品的新价值还是活劳动创造的。在现代社会，劳动形态发生了显著变化，分工更加细化，劳动的领域显著拓展，脑力劳动比重大幅增加，但劳动创造价值的实质没有改变。因此，在经济社会的实践中，尤其是科学技术实践中，通过一个完善的科研管理体制和机制，创造一个良好的科研环境，保证他们创造的积极性，科技工作者只能激励，而不能压榨。要充分尊重他们的劳动价值，保护他们的劳动价值，对科技工作者的发明创造要给予足够的回报。当然，非劳动要素也是生产过程中必不可少的条件，因此，在保护劳动权的同时，也要保护非劳动要素的所有权，使其得到合理的回报，这也是社会主义市场经济的分配方式所决定的。唯有如此，科学工作者的积极性和创造性才能被激发，科学技术的发明和创造成果才会大量涌现。

第五节 科研机构知识资本发展的建议与对策

本章运用构建的科研机构知识资本测度模型，以中国某地方性大型科研机构为例,对其直属科研机构进行评估测度,以此对建立的科研机构知识资本测度模型进行验证。经过相关数据的验证和分析,测度结果符合实际情况,构建的科研机构知识资本测度模型具有实际应用价值。通过验证模型的正确性和实用性,为分析类似科研机构知识资本情况提供借鉴和依据,也为进一步加强科研机构的建设和管理工作提供指导。

一 劳动价值论对促进知识和科技创新能力的启示

第一,劳动价值论提出活化劳动是价值创造的基础,知识价值的产生是在"自然历史过程"中产生的。

马克思经济理论在当代发展过程中遇到的现实问题就是,如何用劳动价值论去阐述经济时代和科技革命大背景下,价值的创造问题。随着研究的不断深入和完善,诸多专家学者都关注到了知识在价值创造过程中的重要地位。

马克思研究和创造的劳动价值论,坚持"活劳动是创造价值的唯一源泉",明确了创造价值的劳动不仅包括体力劳动,更包含着脑力劳动。马克思提出,"凭借生产资料所有权无偿占有劳动者的剩余劳动就是剥削"。在19世纪50年代,马克思这一观点的提出,正是在工业革命爆发的时期,机器大工业开始全面替代手工业,这一现实不仅导致生产技术的革命,也引发了社会关系的深刻变革。本来机器工业可以大大地减轻工人的劳动强度,但是在资本主义生产关系下,却成为"更多榨取工人血汗的工具"。由此可以看出,腐朽没落的资本主义生产关系,是导致社会矛盾激化的根本原因。此刻产生的剥削,只能引发劳动者和生产资料所有者的对立与反抗。

马克思认为,"社会经济形态的发展是一个自然历史的过程"。"自然历史的过程",从哲学上看,就是事物客观必然发展的历史过程。按照马克思的观点,人类历史上的许多制度变迁和社会变化,都是自然地、历史地实现的,不是以人的意志为转移的。例如,剥削方式的取代,剥削制度和现象的灭亡,新社会制度的产生、存在和发展的过程等,不能从人们的思想角度或道德角度去分析并查找根源,而应从社会经济形态的自然历史过程中去探究。从这个角度去分析,自然历史的过程具有规律性。因为它可以从生产力与生产关系的角度得到阐释,是社会经济形态发展的客观规律性。也就是说，剥削的存在与方式的替换，是自然的历史过程。

所以，在 21 世纪的今天，从我国社会主义初级阶段"自然历史过程"所形成的生产关系来分析我国科研院所的剩余价值形成与贡献，就会发现以社会主义公有制为主体的科研院所，其生产资料所有者是整个社会的合法公民。政府仅是代理全体公民掌管生产资料和分配劳动价值以及剩余价值的"管家机构"。在这一生产关系条件下，知识形成的剩余价值可以成为两种资本：为社会创造富裕的资本和为知识供给者提供高于一般劳动者的报酬资本。当然这是一种理想的剩余价值分配模型，其充分条件是，我们的社会必须对知识资本的价值评估科学合理，并有让知识转化为上述两种资本的机制和体制。

第二，创新是知识资本的灵魂和源泉，其价值的实现需要依赖于通过改革的方式建立系统化的、发展的劳动价值观。

知识资本是蕴藏在知识中以知识形态存在和运行的。将知识和其他要素一起参与到生产、投资、分配等整个经济活动中去，并将其科学量化为资本。通过这个全过程，知识资本和已有的其他资本一起，重新集聚、整合，形成能够实现价值增值的、发展能力更强的资本。通过这一途径形成的知识资本，价值远超原有资本许多倍，并具有较强的交换、使用、竞争、市场和社会等方面价值，它在市场中具有非常强的生命力。知识资本的存在是动态发展的，它是和团体的合作、制度的进步以及科学规范的运行相伴而生、共同发展的，它们共同支撑创新体系的建设，而不仅仅是依靠自发性的零星偶然创造。

作为知识经济重要特征的知识资本，其灵魂和源泉是创新。有效率的经济组织是经济增长的关键，一个有效率的经济组织在西欧的发展正是西方兴起的原因所在。在创新体系建设上较为完备的国家，为其他国家提供了经验借鉴。要思考先进国家在知识资本的积累方面的先进性制度安排，同时做出整体的战略部署，并及时跟进现行情况做出调整。发达国家强调以科研为主线中心的创新，而后进国家则更侧重考虑的是制度和组织等方面。对于后进国家来说，创新也体现在如何更加有效地推进新实践的相关安排，人力资本如何实现积累等。应调整战略去加快追赶的步伐，而不是仅仅将关注点放在某些所谓的先进技术本身，这些方面往往在主流的发展经济学文献里被忽略。

相关的研究和材料显示，经济可持续发展的关键力量不是资本和劳动力的投入，而是技术的进步以及有效资本的投入，推动了经济的可持续发展。这就启示我们，要进一步完善国家创新体系的建设工作，加快改革的步伐，推进协同化、系统化创新，形成先进的生产力。通过改革和系统的创新形成新的生产要素，推动体制改革和系统创新的形成，从而在新的机制上，为经济社会科技发展提供动力。

第三，劳动价值理论是不断发展、开放的理论体系，对构建符合我国现实的新知识资本战略体系具有启示性作用。

进入21世纪，人类进入了新的知识生产力时代。在这个时代，知识资本的占有量和积累度，对企业、区域和国家竞争力的影响越来越大。物质资本主导世界的时代正在离我们而去，新的知识经济时代已经来临，国家间的社会发展竞争，更加聚集于知识资本的核心位置。在知识经济时代，知识资本的发展和利用情况表明，经济发展过程中知识资本的作用比其他资本更重要，它在经济发达的地区更容易聚集，并通过这种聚集吸引其他资本向区域聚拢，从而为区域经济的良性发展提供基础。

发达国家的经验表明，通过以知识资本为核心的全面升级，推进知识资本构成要素的提升，进而有效提高国家知识资本的战略体系，是提升国家竞争力最有效的手段之一。目前，世界各国政府都提出各种政策和计划，努力提高这些国家的科技创新能力；同时不断加大对人力资本的培训和积累，形成人和知识的良性循环。这些经验都说明，通过创新系统高效率的作用发挥，能使知识资本的各种主题作用的功能和优势得以体现，提高了知识的储备能力。这种做法也符合OECD提出的由政府和学术产业等各种不同社会群体一起建立一个各方参与的科技与社会互动的网状结构，以提高知识的生产能力，推动知识对经济的影响能力的发展。

国际经验表明，自20世纪80年代以来，许多发达国家加快了构建知识资本的国际竞争，特别是对知识的生产扩散与应用的竞争更加激烈。这些国家通过加大科技投入，促进知识和技术密集型产业的发展壮大，达到提高知识产业高速发展的目的，从而提高了国家竞争力。从表面看，国家之间的国际竞争是一种零和游戏。但是由于发达国家比一般国家拥有更多的知识资源的存量优势，所以发展中国家以及不发达国家同发达国家是不可能具有平等地享有知识经济时代所带来的国际化收益的,这之中的差距主要表现在经济增长的知识含量是不同的。为了使零和游戏变成非零和游戏,就需要发展中国家和不发达国家,在发展的过程中,积累更多的知识资本而不是一般意义上的资本。

结合中国目前的科技创新现状,更应深刻分析知识资本在科技创新领域中扮演的角色和地位,并结合当今的经济运行模式和管理方法,通过变革组织结构,提高我国在国际知识资本竞争中的竞争能力。2015年初,国务院印发了《关于深化中央财政科技计划管理改革的方案》,对财政科技管理做出重大改革。中国科技界经过了几十年的探索,围绕科技体制改革的创新已经成为国家创新系统的重要组成部分。但无论从微观还是宏观上看,改革越深入,所涉及的深层问题就越多,难度也就越大。如何通过改革,逐步建立起技术创新主体企业化、投资主体多元化、官产学研用相结合的、适应社会主义市场经济体制,并符合科技自身发展规律的新型科技体制,是提高综合创新实力的关键性难题。

当前中国社会正在经历从要素驱动向创新驱动的伟大进程,其中科技创新的作用更加凸显。提高科技对经济的贡献率,把科技创新作为经济发展的内生动力,激发全社会的创新、创造活力,构建符合中国特色的科技创新体系,要求我们加快构建符合中国发展实际的新知识资本战略体系,以实现对人力资本、技术资本、管理资本、关系资本等多元化、全方位的总体战略,增强核心竞争力。以劳动价值论为理论出发点,深刻审视知识资本化背后的关系、价值导向以及管理模式,从而为中国的科研机构改革提供一些有益的启发和建议。

二 科研机构知识资本评价应用的建议

通过结合前章对马克思主义劳动价值论及其与知识资本的关系的分析,对照上文科研机构知识资本测度模型在实际案例中的应用,我们可以看出,科研机构知识资本构成各要素协调发展才能整体推进科研机构知识资本总量。

为进一步提高科研机构的核心竞争力,增强科技对经济的贡献率,笔者认为,科研机构要进一步提高知识资本总量,增强核心竞争力,应加强以下几方面工作。

1. 强化"人是最核心的知识资本"的理念。优化人才团队结构、提高人力资本作为知识资本的价值成为必然选择。因此,应结合科研机构的特点,积极优化人才结构,提升人力资本作为知识资本的价值,要有针对性地加强以项目带动人才的培养,做好学术和技术带头人、科研管理人才,以及各类创新创业人才的引进和培养工作。人力资本在掌握了先进技术、精湛技能和专有技术的基础上,通过创造应用价值的创新活动,形成科研机构的知识资本要素。要不断完善人才资源配置机制及人才培养机制,加强科研团队的建设工作,用科学、合理的评价体系加强科研机构人力资本的管理和建设,从而实现对科研机构的人才管理。

2. 强化科研机构的科研投入产出比的考评意识。有条件的科研机构可以进一步细化科研投入产出比的具体指标,诸如通过增大科研机构的专利、专著、论文、软件著作权的产出数量,将科研项目与社会发展的需求紧密结合。同步建立畅通的成果转移、转化体系,以及面向重点成果转化的保障服务机制、发现和筛选机制、对接和推荐机制、投融资和转化落地促进机制,取得科技含量高、转化前景好的成果,经过技术转移和股权激励培育科技产业,反哺科研。此外,对科技成果的应用价值给予更多的重视和评估。同样一个专利,不同的应用前景会导致不同的价值含量,因此,在注重知识产权等科技成果数量的同时,更要注重提升以应用价值为核心的质量要求。在成果转化和技术收益中,列支一定比例的收益资金,投入新的研发项目中,促进新成果的产生,形成从研发成果到市场,再从市场到研发的良性资金循环。

3. 加强科研机构的开放式公共服务平台建设工作,形成高效、协同、开放的技术创新服务体系,提高研发活动的效率和效益。科研机构建立的技术平台不仅要为本单位增加知识资本量提供保障,也应该为外部创新要素获得更多的知识资本提供支持。通过将科研机构拥有的科技成果等无形资产以各种形式在资本市场上进行资本运营,从而实现无形资产的保值增值,达到提高科研机构知识资本总量的目的。根据目前成熟的经验,资本运营的方式可以是合办企业、科研成果入股,也可以是利用其他方式实现无形资产资本的扩张。

4. 提升管理环节的知识资本价值,把握科研工作中的行政规律、市场规律和科研规律,做好以项目来带动、以技术为依托的科研项目攻关工作。提升科研机构的整体管理水平,加强科研项目的过程管理工作,改革考核评价体系,完善重大专项、预言性课题、人才培养类项目等各类科研项目的管理办法;加强市场化的科技成果和知识资本的经营管理,建立面向市场的技术管理体系;建立合理的绩效考评体系,完善资源配置机制,用科学、合理的评价体系来加强科研机构人力资本的管理和建设工作,从而实现对科研机构的绩效管理,为创造知识资本提供管理保障。

5. 要强化对知识产权的保护。知识产权是保障和推进自主创新的重要工具,它保护创新者的劳动成果,最终推进自主创新能力的提升。在知识资本的时代里,知识产权不仅保护现有科技创新成果,而且它将涉及科研机构的后续创新。一项创新成果的完成往往要经历长期艰难的努力,这对科技人员能力、耐心与热情的考验是相对较大的。为此,科研院所要强化获取知识产权的意识,在工作中注重保护科研人员的知识产权意识,以保护新成果。

6. 构建信息化共享平台。为提高信息集成能力,科研机构应该加大资金投入,设立信息机构,对创新情报做到收集有源、传递有序、查询有据、利用有渠。通过信息机构,实现信息搜索、分析、发布过程电子化,利用信息技术强化创新。同时,还可将高校、科研机构间的各类信息服务机构有机地结合起来,形成一个相对完整的信息平台。

7. 搭建科研交流平台,开展和利用国内外学术交流与合作,积极推进团队自主创新能力建设。经济全球化带动了世界市场的一体化,从国内市场转向国际市场,加剧了企业国际竞争的激烈程度。在这种情况下,通过搭建平台,有能力在全球范围内整合资源的科研机构将具备强有力的资源利用优势。通过技术交流,能够了解行业技术发展动态和市场需求变化,提升创造知识资本的能力和技术成果的价值;引进先进技术,并通过吸收再创新,提高知识资本的数量和质量;向同行和市场需求方推介自身的技术,扩大知识资本创造价值的市场空间。

总而言之,知识资本化作为一种未来发展的趋势,在促进科技创新建设创新型国家和提升中国科研机构竞争力方面,都起着非常重要的作用。未来的科技研究机构只有掌握了知识资本才能够掌握竞争的核心资源,并在激烈的竞争中立于不败之地。

三 基于知识资本发展的科研机构管理体制改革政策选择

我国科技体制改革和科研机构发展的顺利推进，取决于多方面因素，既有管理问题，也有制度建设问题；既有由谁领导问题，又有为谁服务的问题等。同时，国家对重大科技创新的指导作用，以及为巩固社会制度服务的意识形态和导向等因素，也对科研机构知识资本的发展产生影响，全面提升科技创新能力应综合分析多方面因素，是一个复杂的系统工程。

第一，做好顶层设计，以前瞻性、战略性技术为先导，解决国家重大战略技术需求。

知识的增长不仅仅是科研工作者智力的增长，也反映了整个社会知识和智力的发展水平，因此，要受社会经济发展水平的制约，接受国家主导意识形态的指导。任何一国的科研都要受到主流价值观和国家意识形态的指导，知识创新和科技创新是工具层面的创新，但如何运用这些工具，以及开发哪些新工具则与经济利益和社会利益息息相关。中国科研活动应当接受社会主义核心价值观的指导，党的十八届三中全会指出："整合科技规划和资源，完善政府对基础性、战略性、前沿性科学研究和共性技术研究的支持机制。"政府对科技创新活动应当给予支持、引导和提供服务。

因此，需要在国家层面建立国家级和全球视野的科研院所创新路线图；要合理配置国家和科研院所的研发职能和研发计划；要完善科研院所技术创新成果的行业应用布局；要最大限度地实现前瞻性与功利性的统一、长期战略意义与短期经济利益的平衡。从科研院所角度看，无论是公益类还是自收自支的科研单位，都需要根据自身发展任务与国家赋予的使命，明确自身在创新进程中的角色与定位；要结合前瞻性、战略性与经济功利性，设计规划自身的技术路线图；要明晰核心技术与非核心技术，对于核心技术，有条件的单位除自主创新外，可以与伙伴科研单位、私营企业、外国科研单位合作研发，对于非核心技术，科研单位可以外包给社会力量进行研发，将精力集中到对国家、对科研单位自身具有更重大战略意义的技术上。

第二，以市场为导向，分类管理，破解科研管理难题。

按照劳动价值论的观点，知识积累和科学创新不仅仅涉及物的层面，还涉及人与人之间关系的层面，因此，我们要尽量降低资本对于科研工作者的异化，为科研工作者提供自由和自觉的学术氛围。中国科研领域长期存在着一些重复研究的问题，主要原因是受到利润驱使，一些学者为了"生活"被迫研究一些重复性的课题，而对于那些有着重大创新意义的选题无法顾及；还有一些科研机构将拿到多少项目、获得多少科研经费作为考核科研人员的硬性指标，并与个人绩效挂钩，导致科研工作者四处拉项目，无法安心搞好本学科领域的工作。

有鉴于此，要对课题进行分类管理，不同学者根据不同科研能力自由地进行选题，从而解除过于"追求项目利润最大化"对于科研工作者的支配。政府应当做好科研工作者的激励机制建构，对于基础性学科的评估需要由有公信力的机构和专家来负责，而对于应用型的科研成果，应当接受市场的检验。

第三，立足实践需求，发挥财富创造积极性，提高知识转化成为生产力的效率。

科研工作者要经世济用、学以致用，构建产学研结合的体系。政府部门需要根据实际情况，确定科研的规模、层次和规范，从宏观上加以调控，为知识、资本、管理以及资源等其他要素的集聚提供优质服务平台。科研机构可以推广自己的科研成果，企业可以获得现实利益，这样就形成了一个产学研互相促进的反馈系统。党的十八届三中全会指出："让一切劳动、知识、技术、管理、资本的活力竞相迸发，让一切创造社会财富的源泉充分涌流。"新时期的劳动形态发生了重大变化，智力劳动、管理劳动已经越来越成为主导，体力劳动和简单劳动正在逐渐减少，我们虽然认识到只有劳动才是创造价值的源泉，但同时也应当明白，资本、管理和资源也都转移了价值，共同创造社会财富，从这个意义上说，发展知识的目的就是为了创造财富，提高劳动生产效率。

第四，不断创新科学研究组织形式，合理界定创新模式，提高组织管理水平。

根据知识来源的不同，科研院所的创新模式可以分为开放创新和自主创新。其中，自主创新应包括分布式创新、一体化创新和瀑布创新等模式；开放创新应包括基金孵化创新、产学研合作创新和发散式创新等模式。一个善于创新的单位，会在自主创新与开放创新之间做到"不偏科"、却有侧重，这需要科研院所不仅要具备内部创新能力，也要具备外部创新能力。要根据行业依赖和路径依赖特点，将研发部门下放到每个地区、每个项目中分布展开，通过高效的沟通网络和独特的激励模式促进企业整体层面上的技术创新；要根据客户多样化需求，定制具有特色的灵活性产品。

第五，实施精细化管理与宏观监督管理相结合，深化科研体制改革，服务经济社会发展需要。

国家应在宏观上构建一个科研活动的监督管理体系，制定合理的科技投资政策、成果转让政策以及科研人员的激励政策，并进行精细化管理。一切科技管理活动都应当围绕着社会主义市场经济的现实需要，为促进社会生产力的提高服务。政府的监督管理职能与市场调节功能互相促进，相关管理部门既不能越位，也不能面对科研乱象而无所作为。

随着政府管理体制改革的推进，政府直接干预科研单位工作的行为越来越少，而监督、服务和宏观指导的手段越来越多。因此，应该不断深化科研体制改革，提高政策的可操作性，改变"九龙治水"和条块分割的弊端，建立统一分类的管理平台，提高科技管理的效率。政府还应当将来自社会需求的重要项目、信息进行及时公开，为科研工作者提供有效的信息服务。近期，科技部、财政部共同起草的《关于深化中央财政科技计划（专项、基金等）管理改革的方案》获批，即将发布实施。可见，国家管理层面已经意识到当下科技管理体系的改革已迫在眉睫，而科研管理体制改革是一个系统性的工程，需要多方面综合配套才能达到预期目标。

第七章 总结与展望

第一节 主要结论

在经济全球化和"知识"垄断为核心的国际竞争背景下,如何选择、优化制度安排,加快知识资本化进程,正在成为世界各国应对新一轮科技革命和产业革命的重要选择。而中国在此重要机遇期和建设创新型国家的进程中,深入研究和发现知识资本的形成机理和运行机制,为中国在创新发展中抢占先机,奠定了坚实的理论基础。提升国家创新能力是一个复杂的系统工程,需要从多方面、多维度进行分析。科研机构作为知识资本的聚集地和科技成果的主要发源地,提高知识资本化的进程是提升知识资本总量的有效途径之一。

本书以资本理论为基础,结合当代发展实际,分析了知识资本的内涵、分类、特点、内在属性以及运行过程,完成了对知识资本基本理论框架的构建。在该理论研究框架下,以科研机构知识资本作为具体研究对象,对其构成、载体、形成机理以及科研机构如何实现知识资本的积累与价值增值等方面进行分析,探寻科研机构提高知识资本总量的有效途径,并将其用于推动科技创新实践活动,以增强科研机构的核心竞争力。在此基础上,初步构建了适用于科研机构这一特定对象的知识资本测度模型。该模型实现了对科研机构的人力资本、技术资本、管理资本、关系资本,以及知识资本总量的测度,以此对科研机构进行科学有效的评估。为验证该模型的实用性,本书以中国最大的地方性科研机构为例,对其进行实证研究,以进一步验证评估测度模型的正确性,并为实践做出指导。

通过研究,笔者得出以下结论。

1. 知识转化为资本的过程,是知识作为资本的一种形式进入商品流通领域，从劳动生产力到知识生产力，进而转化为知识资本，在理论上丰富了资本理论的内涵和外延。

在知识经济时代，价值构成主体较之工业社会正在发生根本性的变化，即从体力劳动者转变为依靠智力贡献为主的知识劳动者。这种新劳动主体和财富创造形态的出现，使知识成为一种新的资本形式，必将引起对商品价值的衡量、资本的内涵及形成路径，以及分配体制的构建等多方面的改变，形成从理论到实践的再造。

知识是人们在社会实践中积累起来的经验。知识具有增值性特点，使用知识的人越多，通过补充、强化、验证、改善和运用，就越能提高知识的正确性和丰富程度，知识的使用价值也会越高。因此，在知识经济条件下，知识的价值增值作用远远大于传统资本的增值程度。

知识在一定条件下转化形成知识资本，而后者在商品货币关系中作为一种全新的生产要素，以商品价值的形式追求增值的价值。根据马克思的资本理论，特别是关于资本和劳动价值观中的知识价值观，知识资本已经成为一种新的资本形式。知识资本的运行过程是由知识的积累、循环到剩余价值的产生等多个环节构成的。知识资本和传统资本都具有资本"能够带来剩余价值"的基本属性，都是各类科技创新主体发展壮大的基础。同时其"投入—产出"的过程，同样具有通过流动、裂变、组合、优化配置等方式进行有效运营，在实现利润最大化的前提下提升资本扩张的增值性等特性。知识资本获取剩余价值的分配方式主要表现为股权激励、员工持股、认购股权等，知识资本作为一种特殊资本，不仅具备一般资本的属性，还具有高度增值性、长期收益性、与主体的融合性等特殊属性。因此，知识工作者在不同的领域，使用不同的工具、方法在劳动中创造的知识，进入商品流通领域也就是资本的运行过程中，就实现了价值增值。

因此，在知识经济时代，深入剖析知识资本的内涵及转化过程，对于发挥知识的社会功效，提高知识供给源头机构的创新活力，建立激励内生动力的制度与体系，加速科技与经济的深度融合具有积极的促进作用，知识资本理论的研究是资本理论在当今时代的新发展。

2. 科研机构形成创新资本的过程，是科研机构实现可持续创新的内生动力所在。

面对日益加剧的科技竞争，科研机构需要不断地动态调整自身的知识结构，加快知识到资本的转化过程，进而提高知识资本的存量与流量，不断积聚创新资本，这是科研机构实现可持续发展、保持创新活力的关键。

科研机构具有不同于大学和企业研发机构的组织特性和功能，其知识资本的形成由科研机构的知识生产、知识内部转化、外部转化等一系列链条组成。科研机构的知识从获取、重构、整合到新知识的产生，再经过内部和外部转化等相关运行路径，最终形成知识资本。在其由知识转化为资本的过程中实现价值的增值。科研机构的知识作为一种特定的预付资本，投入劳动过程中所实现的价值额，减去预付资本价值后的价值增值额，即形成剩余价值，再投入新的劳动（科技创新）中，形成创新资本的过程，这正是科研机构形成可持续创新的内生动力所在。知识的增值是科研机构在科技发展的复杂性、动态性和不确定性的环境下，对自身知识体系不断优化，形成新的知识函数的过程。科研机构知识资本存量从无到有，由弱变强，是科研机构根据自身所拥有的知识函数选择一种快捷有效的知识积累方式，有意识地进行推动的结果。科研机构将内外部知识资源与自身知识积累不断进行磨合与调试，试图达到最佳配置，使其知识体系不断地整合重组，实现研究方法与研究成果的突破，进而推动知识创造的螺旋式发展。这一过程正是科研机构基于自身知识函数并与外部环境相适应，进而不断地进行知识储备、创造、应用与传播的过程。科研机构通过这种方式，实现了知识的创新和应用。

科研机构通过科研团队的知识生产进行技术或新工艺的研发，再经过技术转移及成果的市场化运用，最后在市场化过程中吸取相关的市场知识，反作用于科研机构的技术或工艺研发活动。在这一价值创造活动中，系统外部知识逐步融入和应用到系统内部，最后沉淀到科研机构的日常运行中去，实现知识系统的循环。借助于科研人员对包括知识本身在内的生产资料进行创造性知识劳动，科研机构致力于将隐性知识激活转化。在完善的社会条件、技术条件、市场条件和法律制度条件下，隐性知识只有经过复杂的物化过程，才能转化为可以到市场上出售的知识产品或某种服务，转化为特殊的社会生产力，从而完成知识资本的增值，以此促进创新资本的形成，并成为科研机构可持续发展的动力。

3. 科研机构知识资本的形成机理是在国家经济发展及社会现实需求等动力驱动下，通过获取知识并将其整合与重构，继而进行内外部转化，使知识变成一种资本性资源被投入并产生价值和剩余价值,进而成为新型资本。

科研机构担负着服务国家目标、引领科技发展的重要使命,是科技成果的发源地,也是知识的集合体。科研机构因创新需要,首先对内外部知识进行获取,并重新加以整合和重构,实现原始创新或引进、消化吸收再创新,以此来产生新知识。科研机构的知识生产过程,是科研人员拓展知识广度与深度的过程,包括知识的获取、知识的积累、知识的理解、知识的应用四个阶段,它们依次递进呈螺旋式上升的态势,这个过程也是人们在物质生产的过程中发明、发现、创造各种为物质运动的转化提供条件与能量来源的思想、观点、方法、技巧等的过程。

科研机构知识资本的内部转化是通过科研机构的人力资本这一知识创造的源泉扩展到科研团队,形成科研团队资本,进而形成的。科研机构的人力资本是科研院所知识资本中的重要组成部分,是知识资本在个人层次上的载体和实现主体。科研机构的人力资本是指科研人员所拥有的各种专业知识、经验、创新能力、思维意识等方面的总量。科研机构的知识体系来自科研团队知识的转化,是在人力资本的主导作用下形成的,但又独立于人力资本之外,存在于科研机构中的促使科研机构开展重大前沿研究、建设创新平台、开展技术专业与服务、培养创新型人才、开展国际科技合作的能力,主要包括科研机构完善的治理结构、管理模式、资源配置机制、用人制度等。科研机构的知识体系是知识资本的基础设施,在知识资本的营运过程中,为人力资本及其他资本创造转化条件,并与之共同作用,从而形成科研机构的科技创新平台。

外部转化则通过科研项目的研发、科技成果的转移转化、技术产品的市场化应用等科技创新与市场的联系,实现向现实生产力的转化,并最终通过内外部转化实现科研机构知识资本的运行。从知识到知识资本的过程,是由知识的生产过程到科技成果转化的过程,在知识转变为资本并且进入生产流通领域以后,知识资本就获得了剩余价值,发挥了资本的本来作用。因此,科技成果转化是知识资本化中的重要一环。科技成果转化是指科技实践主体基于科学知识和技术能力,在科技、经济和社会互动发展活动中所实现的科技成果内容与形式不断变化的过程。科研机构的知识资本一旦形成,其资本化的特征就越明显,知识可以以出售为目的去生产,也可以在生产中增值而被消费，知识变成一种资本性资源，在创造价值和剩余价值的过程中成为新型资本。一个科研机构知识资本量及知识资本化程度体现了这一科研机构知识价值转化的能力，并代表了科研机构的创新活力水平，是科研机构核心竞争力的体现。

4. 构建符合中国科研机构现实需求的知识资本评估测度模型，需要综合考虑多种因素，建立合理的量化指标，只有这样，才能真正服务于中国科技体制改革的需求。

科研机构的知识资本总量是衡量科研机构创新活力的重要标志，加速科研机构知识资本的积累与形成，提升科研机构核心竞争力，将成为中国在新一轮科技革命中把握先机、占领核心优势资源的重要因素。因此构建科学合理的科研机构知识资本测度模型，并对知识资本总量及主要构成要素等环节构成，进行科学合理的测度和评估具有重要的现实指导意义。

科研机构知识资本的形成过程是一个动态复杂的过程，为了进一步把握知识资本的内生动力和运行规律，并将其进行量化测度，用以指导具体实践，本书从中国科研机构的实际情况出发，对国内外已有的知识资本测度模型进行分析，初步构建了符合中国科研机构特点的知识资本测度模型。

根据前述知识资本的理论框架、科研机构知识资本的形成机理和运行过程分析，本书提出科研机构的知识资本结构由人力资本、技术资本、管理资本和关系资本构成。科研机构知识资本的评估测度应坚持预见性、全面性、系统性和层次性相对统一的原则，并综合考虑各可变因子对知识资本测度准确性的影响，依此构建科研机构知识资本的评估指标体系，建立测度模型，并对各构成要素及其之间的关系进行综合分析与评价。科研机构知识资本综合测度指标量化体系由4个一级指标、28个二级指标构成。综合运用专家打分法和两两比较法，确定各指标权重，按照构造判断矩阵、计算单排序权向量以及总排序权向量并做一致性检验的程序进行分析处理，根据上述定性指标的量化、定量指标的无量纲化处理和层次排序权重分析处理，计算出科研机构知识资本总量相对值。

本书运用所构建的科研机构知识资本测度模型，以我国典型科研机构为例进行测度应用实证研究。结果显示，实验比对结果与样本单位实际情况高度逼近，从而证明了模型的有效性和实用性。在测度应用中，我们也发现测度模型存在改进的空间。指标体系中，尽管选择了28个二级指标，但由于科研机构的类型多样，对知识资本总量的研究又是一个复杂的系统工程，模型指标设计略显粗糙，仍需进行完善和补充。通过科研机构知识资本测度模型在具体案例中的实证研究，我们可以看出，只有将科研机构知识资本各构成要素协调发展，才能整体推进科研机构知识资本总量的提升。

第二节　研究不足与展望

一　本书的不足

在知识经济时代，知识已经逐步取代传统的物质资本，成为新经济增长中的关键要素。知识转化为资本形成知识资本的过程是一个复杂的系统工程，需要考虑的相关因素较多。厘清知识资本研究的相关理论来源，在此基础上把握知识资本的形成机理和运行规律，需要在不断的理论和实践研究中进行丰富和完善。

本书仅从资本理论的角度研究了科研机构的知识资本问题，事实上，这是一个关于中国科技体制改革的必要研究，由于笔者的水平有限，还未能从社会学、政策科学以及其他角度对这一问题进行深入研究，这是本书视野上的不足。从研究深度来看，本书仅仅构建了科研机构知识资本的测度模型，该模型对于地方科研机构而言是适用的，但是在评估的指标选取和综合评价特别是非量化指标即质的研究方面，还有进一步深入开展的空间和余地。另外，从对比角度看，科研机构的知识资本形成与大学的知识资本形成也有很大区别，限于时间关系，本书没有对此展开相关分析和研究，只能期待未来继续进行相关研究，并推进不同性质科研机构之间的对比研究，以期能够建立一种符合大部分科研机构的知识资本测度体系，用以指导实践。

由此，本书对知识资本的研究以及模型的建立还有些粗浅，仍需要在今后的工作实践中进行不断丰富和完善，还有很多更为深入的问题有待学界共同努力，将其推向深入。我相信，未来在广大科技工作者的共同努力下，中国的科技体制改革和科研机构发展，必将在知识经济时代获得更大的发展动力，并助力中国跻身世界科技强国前列。

二 研究展望

本书基于劳动价值理论和知识资本的相关研究，构建了科研机构知识资本形成与发展的机理与演化路径研究框架，并以此为出发点，构建出科研机构知识资本的测度评价模型，通过对模型的验证，提出了促进中国科研机构知识资本发展的建议，并进一步提出了科研机构管理体制改革的政策选择。本书虽然在一定程度上促进了中国科研机构知识资本的相关研究，并且从科学技术与社会（STS）的角度提供了科技政策的选择，但由于前述之原因，还有很多不足之处。未来的研究应该进一步从当代马克思主义新发展的角度进行更深层次的分析；还需要从科学技术评价学的角度挖掘更深层次的研究思路，特别是将科研机构的知识资本放在知识生产的角度，全方位、多角度、深层次分析科技这个"第一生产力"在当代经济社会发展过程中，处在不同科技研究机构中的不同地位，从而为实现创新型国家，提高中国发展转型能力提供强大的智力保障；为实现党和国家制定的科技发展战略目标，提供更坚实的理论支撑。

参考文献

中文著作

［1］［美］彼得·德鲁克：《后资本主义社会》，张星岩译，上海：上海译文出版社 1998 年版。

［2］［美］彼得斯，马吉森，墨菲：《创造力与全球知识经济》，杨小洋译，上海：华东师范大学出版社 2013 年版。

［3］［英］贝尔纳：《科学的社会功能》，陈体芳译，北京：商务印书馆 1972 年版。

［4］毕雪东：《基于知识资本的知识分享与组织绩效的关系研究》，武汉：武汉理工大学，2012 年。

［5］陈昌柏：《知识产权经济学》，北京：北京大学出版社 2003 年版。

［6］陈继林、汪可、陶志翔：《知识资本与中部崛起》，北京：民族出版社 2005 年版。

［7］陈则孚：《知识资本理论、运行与知识产业化》，北京：经济管理出版社 2003 年版。

［8］丁建中：《新资本论——人力资本经济学》，徐州：中国矿业大学出版社 2007 年版。

［9］董志强：《我国高校知识资本测量与提升管理绩效对策研究》，南宁：广西大学，2007 年。

［10］范征：《企业知识资本管理：人力与组织资本互动转化机制探究的视角》，北京：企业管理出版社 2013 年版。

［11］［芬］斯威比（Sveiby）：《知识探戈：管理与测量知识资本的艺术》，王鄂生译，北京：海洋出版社 2007 年版。

[12] 付玉：《知识资本的评价及其与竞争优势的相关性研究》，成都：电子科技大学，2006年。

[13] 高洪深、杨宏志：《知识经济学教程》，北京：中国人民大学出版社2001年版。

[14] 葛秋萍：《创新知识的资本化》，北京：中国社会科学出版社2007年版。

[15] 葛秋萍：《知识资本的虚拟价值现实化研究》，北京：清华大学，2005年。

[16] 韩经纶：《增值知识资本》，贵阳：贵州人民出版社2003年版。

[17] 黄维德：《知识资本时代的人力资本研究》，上海：上海社会科学院出版社2012年版。

[18] 姜晓璐：《高校知识资本投入管理研究》，上海：东华大学，2013年。

[19] ［英］卡尔·波普尔：《科学知识进化论：波普尔科学哲学选集》，纪树立译，北京：生活·读书·新知三联书店1987年版。

[20] ［英］罗伯特·默顿（Robert King Merton）：《十七世纪英格兰的科学、技术与社会》，范岱年、吴忠、蒋效东译，北京：商务印书馆2000年版。

[21] 李冬琴：《智力资本与企业绩效的关系研究》，杭州：浙江大学，2004年。

[22] 李冬伟：《提升企业价值新途径——基于知识价值链的智力资本价值创造》，成都：西南交通大学出版社2012年版。

[23] 李京文：《迎接知识经济新时代》，上海：上海远东出版社1999年版。

[24] 李正风：《科学知识生产方式及其演变》，北京：清华大学科学技术与社会研究中心，2005年。

[25] 李忠民：《知识型人力资本胜任力研究》，北京：科学出版社2011年版。

[26] 刘炳英等：《知识资本论》，北京：中共中央党校出版社2001年版。

[27] 刘春霖：《知识产权资本化研究》，北京：法律出版社2010

年版。

[28] 刘京鹏：《人力资本参与剩余价值分配》，上海：复旦大学，2012年。

[29] 龙文懋：《知识产权法哲学初论》，北京：人民出版社2003年版。

[30] 陆嘉俊：《知识资本投入与产出的比较研究》，杭州：浙江工业大学，2012年。

[31] 马芬：《知识资本会计核算及信息披露研究》，成都：西华大学，2014年。

[32] [英] 迈克尔·马尔凯（Michael Joseph Mulkay）：《科学与知识社会学》，林聚任等译，北京：东方出版社2001年版。

[33] [德] 马克思、恩格斯：《马克思恩格斯全集》（第二十三卷），中共中央马克思恩格斯列宁斯大林著作编译局译，北京：人民出版社1972年版。

[34] [德] 马克思、恩格斯：《马克思恩格斯全集》（第三卷），中共中央马克思恩格斯列宁斯大林著作编译局译，北京：人民出版社1960年版。

[35] [德] 马克思、恩格斯：《马克思恩格斯全集》（第三卷），中共中央马克思恩格斯列宁斯大林著作编译局译，北京：人民出版社2002年版。

[36] [德] 马克思、恩格斯：《马克思恩格斯全集》（第三十卷），中共中央马克思恩格斯列宁斯大林著作编译局译，北京：人民出版社1995年版。

[37] [德] 马克思、恩格斯：《马克思恩格斯全集》（第四十二卷），中共中央马克思恩格斯列宁斯大林著作编译局译，北京：人民出版社1979年版。

[38] [德] 马克思、恩格斯：《马克思恩格斯全集》（第四十七卷），中共中央马克思恩格斯列宁斯大林著作编译局译，北京：人民出版社1979年版。

[39] [德] 马克思、恩格斯：《马克思恩格斯选集》（第一卷），中共中央马克思恩格斯列宁斯大林著作编译局译，北京：人民出版社1972

年版。

[40] 马克思：《资本论》（第一卷），郭大力、王亚南译，北京：人民出版社1953年版。

[41] 马克思：《资本论》，朱登译，海口：南海出版社2012年版。

[42] 马满强：《优酷并购土豆案中的知识资本获取策略研究》，兰州：兰州大学，2014年。

[43] 聂锦芳、彭宏伟：《马克思〈资本论〉研究读本》，北京：中央编译出版社2013年版。

[44] 彭灿：《研发团队的智力资本、社会资本与有效性——理论与实证研究》，北京：科学出版社2013年版。

[45] 沈国琪：《区域知识资本及其对经济增长的影响研究》，南京：南京航空航天大学，2010年。

[46] ［美］斯劳特·莱斯利：《学术资本主义》，梁骁，黎丽译，北京：北京大学出版社2014年版。

[47] 谭霞：《知识城市视角下的城市知识资本评价体系研究》，重庆：西南大学出版社，2012年。

[48] 唐一冰：《知识要素对都市圈竞争力提升的作用研究》，上海：上海交通大学，2009年。

[49] 万君康、梅小安：《企业知识资本管理及其绩效评价》，北京：机械工业出版社2006年版。

[50] 王吉法等著：《知识产权资本化研究》，济南：山东大学出版社2010年版。

[51] 王军:《资本运营知识读本》，重庆：西南师范大学出版社2009年版。

[52] 王立生：《企业社会资本对知识获取和创新绩效的影响研究》，北京：经济科学出版社2010年版。

[53] 卫武：《不同主体层次中组织的知识转化及其绩效的影响：基于知识资本视角》，北京：中国社会科学出版社2011年版。

[54] 吴慈生、李兴国：《区域知识资本指数发展报告》，合肥：合肥工业大学出版社2014年版。

[55] 吴国耀：《企业知识资本与组织内忠诚度分析》，青岛：中国海

洋大学，2011年。

[56] 吴旭雷：《科技型创业企业知识资本对企业绩效的影响研究》，长沙：中南大学，2008年。

[57] 武蔚：《我国知识资本估价研究》，北京：北京化工大学，2010年。

[58] 徐欣茹：《中小企业知识资本与技术创新能力关系研究》，南京：南京师范大学，2012年。

[59][美]约翰·罗默（John E. Roemer）：《马克思主义经济理论的分析基础》，汪立鑫、张文瑾、周悦敏译，上海：上海人民出版社2007年版。

[60][新]约翰·齐曼（John Ziman）：《知识的力量——科学的社会范畴》，许立达、李令遐、许立功等译，上海：上海科学技术出版社1985年版。

[61] 杨武：《技术创新产权》，北京：清华大学出版社1999年版。

[62] 杨延超：《知识产权资本化》，北京：法律出版社2008年版。

[63] 袁敏：《高技术产业聚集中的知识溢出效应研究》，上海：东华大学，2014年。

[64] 曾国屏：《知识资本全球化与科技创新》，北京：清华大学出版社2013年版。

[65] 张炳发：《企业知识资本投资绩效研究》，北京：经济科学出版社2006年版。

[66] 张小红：《智力资本及其管理研究——以科研机构为例》，北京：中国农业科学院，2007年。

[67] 张玉竹：《企业知识资本管理及评价研究》，哈尔滨：哈尔滨工程大学，2006年。

[68] 章美盼：《知识产权保护、创新与产业集聚——理论分析与中国经验实证》，杭州：浙江大学出版社，2014年。

[69] 赵剑芳：《知识资本与公司绩效关系的实证研究》，太原：山西财经大学，2016年。

[70] 赵静杰：《知识资本化理论研究》，长春：吉林大学出版社，2005年。

[71] 赵婷：《知识资本对区域创新能力的影响力研究》，哈尔滨：哈尔滨工业大学出版社，2010年。

[72] 赵云喜：《知识资本家——中国知识分子面对知识经济的抉择》，北京：中华工商联合出版社1998年版。

[73] 郑兴山、范利民、黄红灯：《大学知识资本的管理创新》，上海：上海交通大学出版社2007年版。

[74] 周波：《知识交易及其定价研究》，上海：复旦大学出版社，2006年。

期刊、报纸

[75] 陈搏、王浣尘、张喜征：《知识资源池：知识创新和共享的宏观机制模型》，《科学学研究》2006年第1期，第274—279页。

[76] 陈红兵、陈昌曙：《劳动价值、知识价值与劳动分配》，《社会科学辑刊》1999年第4期，第57—59页。

[77] 陈劲、谢洪源、朱朝晖：《企业智力资本评价模型和实证研究》，《中国地质大学学报》（社会科学版）2004年第6期，第27—31、45页。

[78] 陈俊、娄成武：《基于技术商品化的技术股份评估模型》，《科技管理研究》2006年第6期，第28—30页。

[79] 陈文通：《劳动价值论不宜拓宽》，《经济纵横》2013年第1期，第8—20页。

[80] 仇元福、潘旭伟、顾新建：《知识资本构成分析及其技术评价》，《中国软科学》2002年第10期，第115—119页。

[81] 初凤荣、周君、赵丽华：《山东省区域知识资本管理策略研究》，《山东纺织经济》2013年第12期，第16—18页。

[82] 丛海涛、唐元虎：《智力资本分配激励与智力资本化》，《财经研究》2004年第2期，第41—49页。

[83] 丁堡骏、于馨佳：《究竟是发展，还是背离和庸俗化了马克思科学的劳动价值论？——评何炼成对马克思劳动价值论的"发展"》，《政治经济学评论》2014年第2期，第91—115页。

[84] 董必荣、黄中生：《我国知识资本会计研究述评与展望》，《商

业会计》2016年第13期，第6—11页。

[85] 董必荣、刘海燕、曾晓红：《我国大学知识资本报告研究》，《学海》2014年第4期，第203—208页。

[86] 董琳：《价值论与知识价值论的关系评述——兼论价值理论的发展规律》，《北方经贸》2004年第8期，第9—11页。

[87] 范征：《知识资本评价体系》，《工业工程与管理》2001年第1期，第44—47页。

[88] 冯茜：《21世纪以来国内马克思劳动价值论研究述评》，《经济问题》2018年第2期，第23—29页。

[89] 冯天学、田金信：《知识资本价值实现的机理分析》，《学术交流》2003年第12期，第98—100页。

[90] 冯晓青、刘淑华：《试论知识产权的私权属性及其公权化趋向》，《中国法学》2004的第1期，第119—121页。

[91] 付洪安、刘建涛：《马克思劳动价值论主体思想及其彰显的时代价值》，《辽宁工业大学学报》（社会科学版）2018年第2期，第4—7页。

[92] 葛扬、陈锐：《第三产业价值创造的理论分析》，《南京社会科学》2004年第5期，第8—11页。

[93] 谷书堂、王璐：《价值创造、产品分配和剥削关系的嬗变》，《南开经济研究》2002年第6期，第21—26页。

[94] 关柏春：《也谈按劳分配、按要素分配和劳动价值论三者之间的关系——与何雄浪、李国平先生商榷》，《经济评论》2005年第1期，第14—19页。

[95] 郭冠清：《推进理论创新，指导经济实践》，《当代经济研究》2008年第4期，第7—9页。

[96] 郭乾、谭顺：《知识经济时代马克思劳动价值论面临的挑战及创新》，《山东理工大学学报》（社会科学版）2017年第5期，第21—26页。

[97] 何晓燕、高长元：《高技术虚拟产业集群知识资本增值机制框架研究》，《华东经济管理》2013年第8期，第74—77页。

[98] 何雄浪、李国平：《论劳动价值论、按劳分配与按要素分配三

者之间的逻辑关系》，《经济评论》2004年第2期，第7—11页。

［99］何玉长、宗素娟：《人工智能、智能经济与智能劳动价值——基于马克思劳动价值论的思考》，《毛泽东邓小平理论研究》2017年第10期，第36—43页。

［100］何祚庥：《必须将"科技×劳动"创造使用价值的思想引入新劳动价值论的探索和研究》，《政治经济学评论》2014年第1期，第72—99页。

［101］胡汉辉、沈群红：《西方知识资本理论及其应用》，《经济学动态》1998年第7期，第40—45页。

［102］胡钧：《转变经济发展方式与国民收入分配结构调整》，《改革与战略》2010年第11期，第32—25页。

［103］胡学勤：《西方学者论知识资本和制度创新》，《国外理论动态》1999年第9期，第21—23页。

［104］黄满忠、李森：《对我国近五年劳动价值论深化认识的研究综述》，《北华大学学报》（社会科学版）2014年第3期，第93—95页。

［105］黄明理、李嘉谊：《论马克思恩格斯的理论创造与其人格魅力的内在联系——增强马克思主义理论吸引力的主体论视角》，《南京政治学院学报》2016年第4期，第13—19页。

［106］蒋南平：《按知识资本分配的几个问题探索》，《西北工业大学学报》（社会科学版）2003年第1期，第17—21页。

［107］蒋南平、崔祥龙：《不能脱离马克思的理论框架来发展劳动价值论》，《经济纵横》2013年第10期，第9—12页。

［108］蒋序标、罗满生、杨飞：《智力型资本（IC）——评价公司价值的重要工具》，《南方经济》2000年第4期，第68—77页。

［109］蒋序标、唐元虎：《知识型企业人力资本定价研究》，《价格理论与实践》2003年第10期，第58—59页。

［110］蒋学模：《现代市场经济条件下如何坚持和发展劳动价值学说》，《经济学动态》1996年第4期，第4—12页。

［111］金水英：《企业知识资本管理战略模型的构建》，《统计与决策》2007年第5期。

［112］李翠梅：《试析知识价值论与劳动价值论的关系》，《中共乐山

市委党校学报》2007 年第 2 期，第 35—36 页。

[113] 李定中：《略论两个具有全局意义的根本性转变》，《经济与管理研究》1995 年第 6 期，第 1—5 页。

[114] 李江帆：《服务产品理论及其现实意义》，《教学与研究》2002 年第 2 期，第 27—32 页。

[115] 李平、刘希宋：《知识经济时代的企业智力资本开发》，《中国人力资源开发》2005 年第 6 期，第 18—21 页。

[116] 李其庆：《马克思劳动价值理论与我国现阶段分配制度》，《理论视野》2001 年第 4 期，第 14—16 页。

[117] 李铁映：《关于劳动价值论的读书笔记》，《中国社会科学》2003 年第 1 期，第 25—40 页。

[118] 李晓慧：《知识资本化的演变与高校核心竞争力的培育》，《许昌学院学报》2008 年第 4 期，第 141—143 页。

[119] 李亚楠、郭元飞：《论劳动价值论对健全我国收入分配制度的启示》，《商场现代化》2015 年第 Z2 期，第 73—74 页。

[120] 李永焱、向显湖：《试探人力资源资本化》，《财会月刊》2004 年第 9A 期，第 18—20 页。

[121] 李元旭、陈志刚：《知识资本计量综述》，《科学学研究》2001 年第 3 期，第 61—65 页。

[122] 刘春霖：《知识产权出资主体的适格性研究》，《河北法学》2007 年第 3 期，第 79—83 页。

[123] 刘冠军：《科技创新与相对剩余价值生产———一种现代科技劳动价值论视域的研究》，《郑州大学学报》（哲学社会科学版）2006 年第 3 期，第 72—74 页。

[124] 刘国武、陈少华、贾银芳：《知识资本运营绩效评价模型的理论分析》，《财经研究》2005 年第 1 期，第 48—61 页。

[125] 刘浩、张运华：《知识资本对我国区域经济增长作用的实证研究》，《科技管理研究》2013 年第 12 期，第 72—75 页。

[126] 刘建：《高新技术企业智能资本评估模式探讨》，《高科技与产业化》2004 年第 3 期，第 26—29 页。

[127] 刘景录：《知识资本与无形资产辨析》，《山东建材》2002 年

第6期，第43—44页。

［128］刘乐山、何炼成：《智力资本营运论——西部地区企业超越发展方略》，《北京工业大学学报》（社会科学版）2006年第2期，第6—10页。

［129］刘力：《产学研合作的沃里克模式和教学公司模式——英国的经验》，《外国教育研究》2005年第10期，第39—42页。

［130］卢欣艺、闵剑：《知识资本、研发投入与大规模定制企业绩效——基于全球价值链视角》，《财会通讯》2018年第9期，第83—86页。

［131］鲁从明：《亟需推进的社会收入分配关系调整》，《中国党政干部论坛》2011年第4期，第54—56页。

［132］鲁从明：《坚持和发展劳动价值论，探索社会主义收入分配的新特点》，《理论前沿》2001年第21期，第12—14页。

［133］陆嘉俊：《知识资本、知识溢出与全要素生产率——基于中国省际面板数据的研究》，《经济论坛》2012年第9期，第59—63页。

［134］马希良：《对知识产权资本化的思考》，《发明与创新》2004年第1期，第24—25页。

［135］梅荣政：《着力探索马克思劳动价值论的新视野、新成果——评朱炳元、朱晓的〈马克思劳动价值论及其现代形态〉》，《信息与动态》2009年第1期，第116—117页。

［136］欧定余、潘志强：《知识价值论是对劳动价值论的深化和发展》，《经济问题探索》2002年第11期，第31—34页。

［137］裴小革：《论收入分配理论的历史演变和劳动价值论的实践价值》，2003年第1期，第6—95页。

［138］戚啸艳、胡明、程俊瑜：《西方知识资本计量理论评述》，《东南大学学报》（哲学社会科学版）2005年第6期，第42—45页。

［139］钱伯海：《关于深化劳动价值认识的理论思考》，《厦门大学学报》（哲学社会科学版）2001年第2期，第30—35页。

［140］钱省三、龚一之：《科技知识的市场价值及其知识资本的形成模型》，《科学学研究》1998年第3期，第53—59页。

［141］邱琼、高建：《创业与经济增长关系研究动态综述》，《外国经

济与管理》2004 年第 1 期，第 8—11、21 页。

[142] 石春生、何培旭、刘微微：《基于动态能力的知识资本与组织绩效关系研究》，《科技进步与对策》2011 年第 5 期，第 144—148 页。

[143] 宋琪：《试论技术资本的属性》，《科学技术与辩证法》2004 年第 2 期，第 51—53 页。

[144] 宋涛：《调整产业结构的理论研究》，《当代经济研究》2002 年第 11 期，第 11—16 页。

[145] 苏星：《劳动价值论不能否定》，《理论前沿》1997 年第 13 期，第 3—4 页。

[146] 孙立新、余来文：《组织内网络结构位置对员工知识资本的影响——员工社会资本的中介作用》，《贵州财经大学学报》2013 年第 4 期，第 72—79 页。

[147] 谭小琴、范学伟：《知识资本化的金融支持体系构建》，《科技管理研究》2008 年第 3 期，第 56 页。

[148] 谭小琴：《知识资本的国内外研究进展与展望》，《山东高等教育》2014 年第 8 期，第 78—87 页。

[149] 田志伟、李远远：《企业隐形知识资本绩效实现的影响因素研究——基于实证视角研究》，《商品与质量：学术观察》2012 年第 8 期，第 165 页。

[150] 汪澄清：《知识一般成本的定价》，《科学学研究》1999 年第 3 期，第 25—29 页。

[151] 王立、马宁：《科研机构技术资本与产业资本的深层融合模式研究》，《科技政策与管理》2005 年第 7 期，第 37—41 页。

[152] 王启景：《浅谈知识经济与经济增长》，《企业导报》2011 年第 17 期，第 8—16 页。

[153] 王锐淇、汪贻生：《区域知识资本增加路径及变化趋势探析》，《科技进步与对策》2012 年第 16 期，第 30—34 页。

[154] 王瑞茜：《基于主成分分析的科研机构知识资本评估及实证研究》，《科技进步与对策》2010 年第 13 期，第 112—115 页。

[155] 王天义：《劳动价值理论是不断发展的理论》，《黑龙江金融》2013 年第 4 期，第 29—30 页。

［156］王兴元、成冰：《企业知识资本内涵及其评价研究》，《科学学与科学技术管理》2003年第9期，第109—112页。

［157］王旭琴、连燕华、刘帅：《企业技术资本运营过程模型的构建》，《科学学研究》2009年第3期，第418—422页。

［158］王勇、许强、许庆瑞：《智力资本及其测度研究》，《科研管理》2002年第7期，第89—95页。

［159］韦镇坤：《现阶段发展马克思劳动价值论的新路径及意义》，《宁夏社会科学》2016年第1期，第21—26页。

［160］卫兴华、刘菲：《不能用否定劳动二重性来否定劳动价值论——评晏智杰教授否定劳动价值论的"新论点"》，《经济纵横》2008年第1期，第3—7页。

［161］吴慈生、李兴国：《区域人力资本流动对经济增长的影响研究》，《现代管理科学》2006年第12期，第5—13页。

［162］吴丹：《论知识资本与产业资本相结合的知识管理模式》，《情报理论与实践》2001年第1期，第14页。

［163］吴国盛：《科学史的意义》，《中国科技史杂志》2005年第1期，第62页。

［164］吴易风：《坚持和发展劳动价值论》，《当代经济研究》2001年第10期，第12—23页。

［165］徐冬根：《智力资本化要有法律护航》，《中国人才》2003年第6期。

［166］徐鸣：《论人力资本的哲学基础及其与智力资本的分界》，《当代财经》2004年第11期，第10—14页。

［167］徐鸣：《论人力资本与智力资本的"虚拟资本"性质》，《当代财经》2007年第8期，第62—69页。

［168］许冠亭、吴声功：《马克思主义劳动价值论与当前劳动者收入分配需要厘清的几个问题》，《海派经济学》2014年第2期，第58—66页。

［169］严若森：《论企业知识资本的构成、特征与运筹》，《甘肃理论学刊》1999年第3期，第19—21页。

［170］晏智杰：《经济学价值理论新解——重新认识价值概念、价值

源泉及价值实现条件》,《北京大学学报》(哲学社会科学版) 2001 年第 6 期, 第 10—17 页。

[171] 晏智杰:《劳动价值论: 反思与争论》,《经济评论》2004 年第 3 期, 第 3—5 页。

[172] 杨世忠:《华为公司"知识资本化"的会计思考》,《会计研究》1999 年第 7 期, 第 60—62 页。

[173] 杨文进:《论知识资本的内容》,《山东经济》2001 年第 9 期, 第 14—17 页。

[174] 杨玉生:《从本质上坚持马克思的劳动价值论》,《当代经济研究》2000 年第 6 期, 第 16—72 页。

[175] 姚立根、赵婷:《社会资本、知识资本与企业核心能力培育研究》,《商业时代》2010 年第 32 期, 第 47—49 页。

[176] 于淑波:《马克思价值理论与西方价值理论的比较研究》,《山东财政学院学报双月刊》2002 年第 2 期。

[177] 余东华、张鑫宇:《知识资本投入、产业间纵向关联与制造业创新产出》,《财经问题研究》2018 年第 3 期, 第 38—47 页。

[178] 禹海慧:《社会网络、知识资本与企业创新能力的关系研究》,《湖南社会科学》2015 年第 2 期, 第 147—150 页。

[179] 袁健红:《论企业内知识资本评估》,《中国科技论坛》2000 年第 6 期, 第 43—47 页。

[180] 袁丽:《关于智力资本基本概念》,《中国软科学》2000 年第 2 期, 第 121—123 页。

[181] 袁仕宏:《知识资本的构成及特点》,《湖北财税》2000 年第 4 期, 第 18—19 页。

[182] 张春贺:《知识经济时代下图书馆知识资本的管理》,《才智》2014 年第 30 期, 第 335 页。

[183] 张雷声、顾海良:《马克思劳动价值论研究的历史整体性》,《河海大学学报》(哲学社会科学版) 2015 年第 1 期, 第 1—8 页。

[184] 张涛、许长新:《知识资本价值管理研究》,《科技进步与对策》2006 年第 10 期, 第 112—114 页。

[185] 张同建:《我国高等院校知识资本微观结构体系实证研究》,

《技术经济与管理》2010年第1期，第81—84页。

［186］张喜征、李明：《知识云组合：企业转型升级中知识资本重构策略》，《科技进步与对策》2013年第22期，第91—94页。

［187］张艳艳、张炳发：《城市知识资本评估研究》，《山东纺织经济》2008年第1期，第27—29页。

［188］张兆国、宋丽梦、吕鹏飞：《试论知识资本的涵义》，《武汉大学学报》2000年第6期，第775—778页。

［189］赵静杰、张少杰：《知识资本化及其评价指标体系分析》，《情报科学》2005年第9期，第1314—1320页。

［190］赵兰香：《产学研合作与制度创新》，《科研管理》1996年第6期，第13—17页。

［191］赵舒、王伟：《知识资本构成要素最优投入组合分析》，《合作经济与科技》2005年第7期，第14—15页。

［192］赵忠奇：《培育知识资本——中国饭店集团跨国扩张的战略核心因素》，《统计与管理》2012年第6期，第32—33页。

［193］周晨：《论国际市场营销策略的发展与创新》，《知识经济》2013年第24期，第119页。

［194］朱荷、陈露：《我国知识资本投入现状分析》，《经营与管理》2014年第7期，第66—69页。

［195］朱思文、游达明：《开放式创新背景下企业知识资本与创新绩效实证研究》，《湘潭大学学报》（哲学社会科学版）2013年第4期，第72—76页。

［196］朱旭微、陈向东：《浅析知识资本评估的指标体系》，《科学管理研究》2002年第2期，第42—45页。

［197］朱亚男、于本江：《知识资本定量评价模型研究》，《科学管理研究》2005年第6期，第80—84页。

［198］邹东涛：《社会劳动价值理论初探》，《中国钱币》2012年第12期，第63—64页。

电子文献

［199］敬云川：《解读知识产权资本化基本的法律和制度依据》，首席财

务官网：http：//www.topcfo.net/index.php/News/index/id/13521.html。

[200] 农华西：《知识资本化与当代先进生产》，学习时报网：http：//www.china.com.cn/xxsb/txt/2007-06/20/content_8417064.htm。

[201] 吴建国：《利益共同体与知识资本化》，经理世界网：http：//www.ceocio.com.cn/e/action/ShowInfo.php?classid=148&id=121928。

[202]《知识产权资本化的途径》，科易网：http：//news.k8008.com/html/201210/news_2201823_1.html。

[203]《中华人民共和国知识产权局》，知识产权资本化是企业获取竞争优势的利器.中华人民共和国知识产权局网站：http：//www.sipo.gov.cn/yl/2011/201101/t20110130_572348.html。

外文文献

[204] Felicia Levy. *ASimulated Approach to Valuing Knowledge Capital*. The George Washington University, 2009.

[205] Jay L. Chatzkel. *Knowledge Capital：How Knowledge-based Enterprises Really Get Builts*. Oxford University Press, 2003.

[206] Granstrand Ove. *The economics and management of intellectual property：towards intellectual capitalism*. Cheltenham, UK；Northampton, MA：Edward Elgar, 1999.

[207] K. E. Sveiby. *The new organizational wealth：managing and measuring knowledge-based assets*, Berett-Koehler Publishers, 1997.

[208] YH Scherngell. *Effects of knowledge capital on total factor productivity in China*. Austrian Institute of Technology, 2013.

[209] Rylander Anna. *Making sense of knowledge work*. Kungliga Tekniska Hogskolan, 2006.

[210] McGill P. *Harnessing intellectual capital：a study of organizational knowledge transfer*. Touro University International, 2006.

[211] Zuher Hamed Al-Omari, Osama Treef Al-Shaki, Mohd Sharifuddin Ahmad, Elsadig Musa Ahmed. *Knowledge Growth Measurement and Formulation for Enhancing Organizational Knowledge Capital*. Journal of the Knowledge Economy, 2014, (3).

[212] Fleisher Belton M, McGuire William H, Smith Adam Nicholas, Zhou Mi. Intangible Knowledge Capital and Innovation in China. EconStor, 2013.

[213] Laperche B, Lefebvre G, Langlet D, *Innovation strategies of industrial groups in the global crisis: rationalisation and new paths*. Technological Forecasting and Social Change 2011, 78 (8): 1319 – 1331。

[214] Lubango Louis Mitondo, POURIS Anastassios. *Is patenting activity impeding the academic performance of South African university researchers?*. Technology in Society, 2009, 31 (3): 315 – 324.

[215] Schneider Annika, SAMKIN Grant. *Intellectual capital reporting by the New Zealand local government sector*. Journal of Intellectual Capital, 2008, 9 (3): 456 – 486.

[216] Agrawal Ajay. *Engaging the inventor: exploring licensing strategies for university inventions and the role of latent knowledge*. Strategic Management Journal, 2006, 27 (1): 63 – 79.

[217] Bontis Nick. *National intellectual capital index: a United Nations initiative for the Arab region*. Journal of Intellectual Capital, 2004, 5 (1): 13 – 39.

[218] Lutz Kaufmann, Yvonne Schneider. *Intangibles: A synthesis of current research*. Journal of Intellectual Capital, 2004, (5).

[219] Dzinkowski R. *The measurement and management of intellectual capital: an introduction*. Management Accounting, 2000, (2).

[220] L. A. Joia. *Measuring intangible corporate assets: Linking business strategy with intellectual capital*. Journal of Intellectual Capital, 2000, (1).

[221] Davenport Thomas H, PRUSAK Laurence. *Working knowledge: how organizations manage what they know*. Boston, Massachusetts: Harvard Business School Press, 1998: 35.

[222] Kaplan R. S, D. Norton. *Using the balanced scorecard as a strategic management system*. Harvard Business Review, 1996, (1).

[223] Bontis, N. *Royal Bank invests in knowledge – based industries*. Knowledge Inc. 1997, (8).

[224] J. Nahapiet, S. Ghoshal. *Social Capital, Intellectual Capital,*

and the Organizational Advantage. The Academy of Management Review, 1998, (2).

[225] Granstrand Ove. *The shift towards intellectual capitalism – the role of infocom technologies*. Research Policy, 2000, 29 (9): 1065.

[226] Lars Nerdrum, Truls Erikson. *Intellectual capital: a human capital perspective*. Journal of Intellectual Capital, 2001, (2).

[227] Chatzkel Jay L. *Greater Phoenix as a knowledge capital*. Journal of Knowledge Management, 2004, 8 (5): 61 – 72.

[228] Bernard Marr, Karim Moustaghfir. *Defining intellectual capital: a three – dimensional approach*. Management Decision, 2005, (9).

[229] Heirman Ans, Clarysse Bart. *Which tangible and intangible assets matter for innovation speed in start – ups?*. Journal of Product Innovation Management, 2007, 24 (4): 303 – 315.

[230] Hessels Laurens K, LENTE Harro van. *Re – thinking new knowledge production: a literature review and a research agenda*. Research Policy, 2008, 37 (4): 740 – 760.

[231] Czatnitzki Dirk, GLÄNZEL Wolfgang, HUSSINGER Katrin. *Heterogeneity of patenting activity and its implications for scientific research*. Research Policy, 2009, 38 (1): 33.

[232] Jyh – Wen Shiu, Chan – Yuan Wong, Mei – Chih Hu. The dynamic effect of knowledge capitals in the public research institute: insights from patenting analysis of ITRI (Taiwan) and ETRI (Korea). Scientometrics, 2014, (3): 98.

[233] Ermine Jean – Louis. *A Knowledge Value Chain for Knowledge Management*. Journal of Knowledge & Communication Management, 2013, (3).

[234] Cetin, Ferec. Managing and measuring Intellectual Capital. *Theory and Practice*. Seminar in Business Strategy and International Business. Institute of Strategy and International Business. Helsinki University of Technology, 2000.

[235] Scott Macy Robert. *Knowledge competency acquisition in the knowledge economy: links to firm performance*. University of Oregon, 2006.

[236] Agwe Jonathan Ndaa. *Knowledge capitalization for development:*

prioritizing the relative dominance of drivers for intellectual entrepreneuring in the tertiary knowledge industry . The Faculty of the Graduate School of Management and Technology of the University of Maryland University College, 2007.

［237］ Hiroyuki Itami. *Mobilizing Invisible Assets.* Harvard University Press, Cambridge, MA, 1987.

［238］ Ross, J. Ross, G. Dragonetfi, N. C. Edvinssont L. *Intellectual Capital: Navigating in the New Business Landscape.* London: Macmillan, 1997.

［239］ Reinhardt, R., Bornemann, M. Pawlowsky, P. and Schneider, U. *Intellectual Capital and Knowledge Management: Perspectives on Measuring Knowledge.* Handbook of Organizational Learning & Knowledge. Oxford: Oxford University Press, 2003.

［240］ Maria Simona Vinci. *Knowledge Capital: From Organizational Memory to Discretional Intellectual Effort.* VDM Publishing, 2008.

［241］ Brian Delahaye. *Human Resource Development: Managing Learning and Knowledge Capital.* Tilde University Press, 2011.

［242］ OECD. Supporting Investment in Knowledge Capital, *Growth and Innovation.* OECD Publishing, 2013.

附录　科研机构知识资本调查问卷

您好！

  为开展"科研机构知识资本研究"的需要，充分了解我国科研机构知识资本测度相关要素的实际情况，构建我国科研机构知识资本的测度模型，有效评估科研机构的知识资本提供一手资料，特开展此次调研，希望得到您的支持和帮助。

  本调查表仅作为研究之用，请您根据贵单位的实际情况填写，感谢您的大力支持。

  填表说明：

  1. 对于选择题，请在相应选项框（"□"）内打"√"，其中若选择"其他"，请在其后虚线"＿＿＿"处作具体说明；

  2. 对于填空题，若某项数据为"0"，请在虚线"＿＿＿"处填写"0"；

  3. 除特别说明之处，本问卷均填写2018年度数据。

一、基本情况

科研机构名称：＿＿＿＿＿＿＿＿＿＿

成立时间：＿＿＿＿＿＿＿＿＿＿

联系人姓名：＿＿＿＿＿＿＿＿＿＿　联系电话：＿＿＿＿＿＿＿＿＿＿

二、人力资本情况

1. 本研究机构职工总数：＿＿＿＿＿＿；2018年度辞职人数：＿＿＿＿＿＿；

 2018年度新聘人数：＿＿＿＿＿＿。

2. 2018年职工岗位构成情况：

（1）管理岗位人数：＿＿＿＿＿＿；

（2）专业技术岗位人数：＿＿＿＿＿＿；

（3）工勤技能岗位人数：＿＿＿＿＿＿。

3. 2018 年职工学历构成情况：

（1）大学本科学历人数：＿＿＿＿＿＿；

（2）硕士研究生学历人数：＿＿＿＿＿＿；

（3）博士研究生学历人数：＿＿＿＿＿＿。

4. 2018 年职工职称构成情况：

（1）初、中级职称人数：＿＿＿＿＿＿；（2）高级职称人数：＿＿＿＿＿＿。

5. 近三年（2016—2018 年）平均每年参加培训的职工人数：＿＿＿＿＿＿。

6. 近三年（2016—2018 年）平均每年取得科研成果的职工人数：＿＿＿＿＿＿。

7. 近三年（2016—2018 年）平均每年参加职务测评的职工人数：＿＿＿＿＿＿。

三、技术资本情况

1. 本研究机构技工贸总收入：＿＿＿＿＿＿万元。其中，（1）财政专项经费：＿＿＿＿＿＿万元；（2）科研项目收入：＿＿＿＿＿＿万元。

2. 科研总投入：＿＿＿＿＿＿万元。

3. 科研成果产出情况：

（1）国家级成果：特等奖：＿＿＿＿＿＿个；一等奖：＿＿＿＿＿＿个；二等奖：＿＿＿＿＿＿个；三等奖：＿＿＿＿＿＿个；四等奖：＿＿＿＿＿＿个。

（2）省部级成果：一等奖：＿＿＿＿＿＿个；二等奖：＿＿＿＿＿＿个；三等奖：＿＿＿＿＿＿个。

（3）厅局级成果：一等奖：＿＿＿＿＿＿个；二等奖：＿＿＿＿＿＿个；三等奖：＿＿＿＿＿＿个。

（4）国际水平成果鉴定：＿＿＿＿＿＿个；国内首创成果鉴定：＿＿＿＿＿＿个；国内先进成果鉴定：＿＿＿＿＿＿个；其他成果鉴定：＿＿＿＿＿＿个。

（5）国际刊物论文：＿＿＿＿＿＿篇；全国刊物论文：＿＿＿＿＿＿篇；地方刊物论文：＿＿＿＿＿＿篇。

（6）专著：＿＿＿＿＿＿本；专利：＿＿＿＿＿＿个；软件著作权：＿＿＿＿＿＿个；制定标准：＿＿＿＿＿＿个。

4. 科研奖项总数量：＿＿＿＿＿＿个。

四、管理资本情况

1. 本科研机构是否建立了科研管理制度： □是 □否
若"是"，请问：
（1）该制度的完善性： □非常完善 □比较完善 □一般
□不完善
（2）该制度的落实效果：□非常好 □较好 □一般
□不好

2. 本科研机构是否建立了财务管理制度： □是 □否
若"是"，请问：
（1）该制度的完善性： □非常完善 □比较完善 □一般
□不完善
（2）该制度的落实效果：□非常好 □较好 □一般
□不好

3. 本科研机构是否建立了人事管理制度： □是 □否
若"是"，请问：
（1）该制度的完善性： □非常完善 □比较完善 □一般
□不完善
（2）该制度的落实效果：□非常好 □较好 □一般
□不好

4. 本科研机构是否建立了绩效考核制度： □是 □否
若"是"，请问：
（1）该制度的完善性： □非常完善 □比较完善 □一般
□不完善
（2）该制度的落实效果：□非常好 □较好 □一般
□不好

5. 本科研机构组织设置的合理性：
□非常合理 □比较合理 □一般 □不合理

6. 本科研机构各组织目标与职能的明确性：
□非常明确 □比较明确 □一般 □不明确

7. 本科研机构各组织职能与机构目标的一致性：
□非常一致 □比较一致 □一般 □不一致

8. 本科研机构各组织职能之间的协调性：
□非常协调　　　□比较协调　　　□一般　　　□不协调

9. 本科研机构不同权限组织之间的协调一致性：
□非常协调一致　　□比较协调一致　　□一般　　□不协调一致

10. 本科研机构上下层级之间信息传递与反馈的畅通程度：
□非常畅通　　　□比较畅通　　　□一般　　　□不畅通

11. 本科研机构是否具有信息管理系统：　　□是　　　□否
若"是"，请问：
（1）该系统的完善性：　□非常完善　　□比较完善　　□一般
　　　　　　　　　　　□不完善
（2）该系统的运行情况：□非常好　　□较好　　□一般
　　　　　　　　　　　□不好

12. 本科研机构是否具有信息技术支持系统：　　□是　　　□否
若"是"，请问：
（1）该系统的完善性：　□非常完善　　□比较完善　　□一般
　　　　　　　　　　　□不完善
（2）该系统的运行情况：□非常好　　□较好　　□一般
　　　　　　　　　　　□不好

13. 本科研机构是否确立了明确的发展定位：　　□是　　　□否
若"是"，请问该发展定位是否符合单位实际情况且可操作：
□符合单位实际情况且可操作　　　　□符合单位实际情况但难操作
□可操作但脱离单位实际情况　　　　□脱离单位实际情况且难操作

14. 本科研机构是否明确了中长期发展思路：　　□是　　　□否

15. 本科研机构是否编制了中长期发展规划：　　□是　　　□否
若"是"，请问：
（1）该发展规划的合理性：□非常合理　　□比较合理　　□一般
　　　　　　　　　　　　□不合理
（2）该发展规划的实施情况：□超速推进　　□稳步推进　　□艰难推进
　　　　　　　　　　　　　□中断

16. 本科研机构是否具有明确的核心价值观：　　□是　　　□否

17. 本科研机构员工的个体发展目标与组织目标的一致性：

□非常一致　　□比较一致　　□一般　　□不一致

18. 本科研机构是否举办员工集体活动：　□是　　□否

若"是"，请问：

（1）集体活动的类别：□学习培训类　□运动健身类　□生活娱乐类
　　　　　　　　　　□其他

（2）集体活动的开展周期：□一个月　□半年　□一年　□其他

（3）集体活动的参与率：□非常高　　□较高　　□一般　　□不高

五、关系资本情况

1. 本科研机构是否建立了官方网站：　□是　　□否

若"是"，请问官方网站的点击率：_____。

2. 本科研机构获得竞争性项目的数量：国家级：_____个；省市级：_____个。

3. 本科研机构获得企业投入类项目（满足企业等市场主体需求的横向类项目）的数量：_____个。

4. 本科研机构同类项目之间的衔接程度：
□非常高　　□较高　　□一般　　□不高

5. 本科研机构项目完成情况：
□非常好　　□较好　　□一般　　□不好

6. 本科研机构项目成果转化率：
□非常高　　□较高　　□一般　　□不高

7. 本科研机构是否举办过学术会议或技术展会：　□是　　□否

若"是"，请问：

（1）举办学术会议或技术展会的频率：
　□三个月一次　□半年一次　□一年一次　□三年一次　□其他

（2）举办学术会议或技术展会的最高级别：
　□国际级　　□国家级　　□省部级　　□厅局级　　□其他

8. 本科研机构是否参与过技术展会来推广研究成果：　□是　　□否

若"是"，请问成果推广效果：□非常好　　□较好　　□一般
　　　　　　　　　　　　　□不好

9. 本科研机构的科研资源是否与其他机构共享：　□是　　□否

10. 本科研机构是否参与国际合作项目：　□是　　□否

若"是",请问最近三年平均每年参与国际合作项目的数量：_____个。

11. 本科研机构是否组织员工参加国际会议或培训： □是　□否

若"是",请问：

（1）最近三年平均每年参加国际会议的数量：_____个；

（2）最近三年平均每年参加国际人才培训的员工数量：_____人。